科学的先手管理入門

科学的先手管理入門

工程戦略・戦術の考え方とその導入

金子浩一　中島健一 [著]

日科技連

まえがき

　本書は、(一社)日本品質管理学会関西支部の「科学的先手管理アプローチ研究部会」で研究・開発した科学的先手管理の基本概念およびそれを具現化するための「科学的先手管理七つ道具」の解説書である。
　以下では、本書の「出版の経緯」および「読み方」について述べる。

(1) 出版の経緯

　製造現場で品質に関する問題やクレーム、不良改善活動に目標値を設定して取り組んでいる組織は多い。そこではQC(Quality Control)、IE(Industrial Engineering)、IT(Information Technology)、TQM(Total Quality Management)、ISO(International Organization for Standardization)規格なども活用されている場合もあるが、このような既存のマネジメント手法を実行していても、クレームや不良が減らなかったり、問題が解決されない、あるいは解決までに時間を要するケースが見られ、その結果、企業の経営や事業活動に大きな影響を及ぼしている。
　こうした問題を解決するためには、実践の場においてその有効性が認められてきたTQMを組織に徹底して普及すべきであるが、大企業のなかには「TQMは難しい、大変だ」といって、最初から導入の検討すらしない組織も見受けられる。ましてや中小企業などの小規模組織ではその傾向は顕著である。
　こうした組織では、品質不良が出たり、クレームが発生すると、慌てて小手先の処置やモグラたたきなどの火消しを行う、つまり後手に回る対症療法で終わっていることが多い。そのため、組織的な歯止めの確立には手が回らない状況が見受けられる。当然、このパターンは好ましくないものである。この後手管理に終始するパターンを改善しないと、Fコスト(Failure Cost、品質上の失敗コスト)が膨大になることは明らかであろう。筆者らは何よりも実務上の経験や改善指導の実践からこの恐ろしさを皮膚

感覚で実感している。

　向上心のある現場では、顧客の視点に立って、顧客にいかに満足してもらうかを考えながら、反省すべき点は反省し、是正処置・再発防止・予防処置に必要となる行動を繰り返している。この過程で是正処置・予防処置のノウハウがまとまった書類として蓄積されていく。しかし、そうしていても、同種・同類の不良やクレームが再発して困っている現場も見受けられ、「なぜ、そうなってしまうのであろうか」「どこに問題があるのだろうか」という疑問が残る。

　この原因としては、ノウハウの運用が形骸化していることが考えられる。それを脱却するためには、終始、顧客の視点に立ちながら、現場がもっている固有技術と管理技術を上手にマッチさせるような仕組みを運用して、品質不良やクレームを出さない・流さない仕組みをつくることが重要である。また、品質不良やクレームを限りなくゼロに近づけるためには、現場での行動に個人個人のタイムリーな「急がば廻れ」の判断力が要求されている。

　ノウハウの運用が形骸化し、品質不良やクレームが発生してしまう……。このような問題に前もって対処することで、戦略的な解決を図れるような手法・考え方・見方を研究したいという思いから、2005年、(一社)日本品質管理学会関西支部に「戦略的先手管理アプローチ研究部会」を発足させた。その後、研究を重ねるなかで、「戦略的」という用語を「科学的」に変更し、会の名称を「科学的先手管理アプローチ研究部会」に変えた。

　このように変更した理由は、現代社会にある複雑な問題を解決するためには、自然科学や社会科学を横断的に、その基底にある「科学的」な見方を重視し、その連携を図るためである。現代社会における品質不良やクレームの発生には、製造者や消費者との社会的な関係性の変化であったり、化学的・工業的な理由などが複雑に絡み合う。これを捉えるためには量的な変化はもちろん、人と人、あるいは人とモノの関係性などの質的な変化を捉えるような知恵が必要となる。しかし、質的な因子は膨大な数が

考えられるため、実務レベルでどのように扱い、「人と現場」の世界でどのような仕組みで解決していくのかなど、研究会では議論が沸騰した。また、そもそもISO規格のマネジメントシステムを導入して、実行してみても、品質不良やクレームが減らないというような議論も出てきた。

　こうした議論を踏まえて考えられたのは、日本の小規模組織でも使える「あんちょこ」のようなマネジメント手法である。特に日本の小規模組織では、現場は固有の技能・技術をもっているものの、管理技術面ではTQMを確立するために大変な負担を負わなければならない。TQMの代わりとなるような、もっと現場に親しまれる「あんちょこ」とはどのようなものなのであろうか。このテーマに研究会で取組み、検討・研究した結果、「科学的先手管理七つ道具(SE7)」が誕生した。「SE(SENTEの略)」は「科学的先手管理」を、「7」は七つ道具を意味している。

　「科学的先手管理七つ道具(SE7)」は、既存の手法を使いやすくした「あんちょこ」的な性格が強いものの、オリジナルの手法や先手管理実施における重要な考え方も含まれている。現場の問題や経営的課題を顕在化させ、それを解決する道具として、誰もが使いやすいようにSE7は体系化されたものである。

　本書は、主に小規模組織を対象にしているため、既存のマネジメント手法が抱える課題を踏まえる一方、既存の固有技術やQC技術、ISO規格との関連性も考えながら、現代の循環型社会にふさわしい体系を目指したが、十分説明を尽くせていないところもある。これは、組織ごとに問題が異なったり、必要とされる問題解決の手法が異なるからである。どの手法が必要となるのかについては、各人が現場、現物、現実、原理、原則の5ゲン主義を実践し、身体で覚える「コツ」も活用して、捉える必要がある。

　本書を執筆中、ドイツのフォルクスワーゲン(Volks Wagen)の排ガス問題が報道された。報道によると米国のEPA(Environmental Protection Agency、環境保護庁)の検査と実際の顧客へ販売した車の排ガスNO_xの数値が大きく異なるという。SE7の最初に挙げられているリスク管理の

重要性を示す典型例といえよう。後手管理に追われて膨大なコストがかかり、せっかく築き上げた信用が失墜してしまうことは明らかである。

　一方で思い出すのが海外の大型クルーズ船での風景である。筆者は海外をときどき旅しているのだが、海外の大型クルーズ船の「おもてなし」は体系化・標準化され、とてもスマートに運営されている。乗船から下船まで、顧客に感動を与えることが徹底されており、安全第一をねらいながらも、顧客に満足を与え、感動させてくれる。価格に見合ったと感じさせてくれる空間では、一方で自己責任も明確化されているため、さまざまな組織の先手管理のマネジメントの実践の際、非常に参考になる。このような「おもてなし」が可能となるのは、現場が「顧客が誰であるか」を徹底的に意識しているからである。

　本書が刊行される2015年は節目の年でもあるともいえる。全社的な品質管理手法であるTQMの基礎をつくられた石川馨先生の生誕100年にあたるだけでなく、ISO 9001規格の改訂（そしてJIS規格の改正）も行われる。TQMもISO規格もその根底にある思想は、「顧客満足」なのである。

(2)　本書の読み方

　本書は以下のように6章構成になっている。関心のある関連するところからお読みいただきたい。

　第1章では、ものづくりの課題や、そこでの先手管理の重要性、SE7の必要性・定義・特長などを述べ、後手管理がいかにコスト、手間、費用がかかるかを強調している。また、SE7全体の見方・考え方、管理者・責任者のための構成やSE7スパイラルアップ2段階方式基本モデルなどについての考え方をまとめている。

　第2章ではSE7の各要素について、詳細にまとめている。

　第3章では、不良をつくらない・出さない先手管理についてのさまざまな考え方をまとめている。

　第4章では、製造業における先手管理を活用した品質保証体制の構築事例についてまとめている。

第5章では、製造業におけるSE7の活用事例についてまとめている。

第6章では、SE7を活用した次世代のものづくりについてまとめている。

説明が十分でない部分があるかもしれないが、これはものづくりの現場について記述することが難しい部分が多くあるためである。本来ならば、組織の人間関係(会議・打合せ、報・連・相や、年長者が好むノミニケーション、外圧による管理、ハッパ管理、キャッチボール、すり合わせ……)に応じてアプローチを使い分けできる日本的な「千手管理」のあるべき姿も標準化できれば究極的な「科学的先手管理」となるだろうが、現在の組織は、担当者はもちろん経営陣の交代や、周辺の環境変化も激しい。このような変化に強い、副題にもあるように「工程戦略・戦術の考え方とその導入」のためのマネジメントが必要になるが、ここではそれぞれの組織の強み、つまり「光物(HIKARIMONO、ひかりもの)」が活きる。

現場で困ったことがあるとき、特に品質不良が減らない、クレームが後を絶たないといったときに、本書がいささかとも、読者のお役に立てば幸いである。

本書の執筆にあたっては、原稿を一から書き上げ、大幅な編集を行っている。本書の刊行にあたっては、(一社)日本品質管理学会関西支部「科学的先手管理アプローチ研究部会」の関係者はもちろん、㈱日科技連出版社の戸羽節文取締役や田中延志氏など、多くの方々から日夜たくさんのご支援、ご協力をいただいた。なかでも田中延志氏には、構成や表現などについてさまざまな指摘をいただき感謝する次第である。

2015年11月

金子浩一・中島健一

目　　次

まえがき ……………………………………………………………… v

第1章　ものづくりにおける先手管理の重要性 ……………… 1
1.1　はじめに ……………………………………………………… 2
1.2　ものづくりの課題解決アプローチ ………………………… 2
1.3　科学的先手管理の概念とその特長 ………………………… 5
　1.3.1　科学的先手管理の概念 ………………………………… 5
　1.3.2　科学的先手管理の特長 ………………………………… 7
1.4　科学的先手管理の体系 ……………………………………… 7
　1.4.1　管理者・責任者にとっての科学的先手管理の必要性 …… 7
　1.4.2　科学的先手管理七つ道具の構成 ……………………… 8
　1.4.3　スパイラルアップ2段階方式モデル ………………… 9

第2章　科学的先手管理七つ道具（SE7） ………………… 11
2.1　マネジメントの見える化 …………………………………… 12
2.2　S1：リスク管理 ― P（計画） ……………………………… 14
　2.2.1　リスク管理 ……………………………………………… 14
　2.2.2　日常管理と方針管理 …………………………………… 15
　2.2.3　機能別管理 ……………………………………………… 16
2.3　S2：デザイン管理 ― D（実施） …………………………… 17
　2.3.1　品質保証の基本と技術ノウハウとしての失敗事例 …… 17
　2.3.2　FMEA …………………………………………………… 19
　2.3.3　5なぜの法則 …………………………………………… 20
　2.3.4　科学的先手管理（SE7）のポイント …………………… 20
2.4　S3：モチベーション ― D（実施） ………………………… 22
2.5　S4：リーダーシップ ― D（実施） ………………………… 23

2.6	S5：製品のパフォーマンス能力 10 原則 ― C(確認)	26
2.7	S6：効率性 ― C(確認、チェック)	28
	2.7.1 科学的先手管理(SE7)活動の効率性	28
	2.7.2 品質上の失敗コスト(F コスト)	28
	2.7.3 クレーム費	29
2.8	S7：課題解決 7 原則 ― A(処置)	30

第 3 章　不良をつくらない・出さない先手管理　33

3.1	製品品質の諸問題	34
3.2	科学的先手管理(SE7)における評価の考え方	34
	3.2.1 結果系に対する評価	35
	3.2.2 プロセス系に対する評価	35
	3.2.3 キャッチボールこだま方式によるフィードバック	35
3.3	科学的先手管理と工程設計・製造工程における 3 つの鍵	36
	3.3.1 作業工程での行動を改善する	36
	3.3.2 ポカミスをゼロにする	38
	3.3.3 統合的内部監査	44

第 4 章　製造業における先手管理を活用した品質保証体制の構築事例　51

4.1	品質保証体制の基礎	52
4.2	開発・設計段階における品質問題	53
	4.2.1 新製品開発のための情報収集とその蓄積	53
	4.2.2 設計基準・標準改善の必要性	55
	4.2.3 開発・設計段階における品質保証活動	56
4.3	品質保証活動の評価とその体系	61
4.4	製品企画の戦略化	65

第5章　製造業における科学的先手管理　七つ道具の活用事例　……… 69
- 5.1　本章で取り上げる企業 ……………………………………… 70
- 5.2　是正処置のルール化 ………………………………………… 75
- 5.3　製造段階の工程の管理・改善 ……………………………… 76
  - 5.3.1　方針管理の重要性 …………………………………… 76
  - 5.3.2　スパイラルアップ2段階方式：第1ステップ ……… 77
  - 5.3.3　スパイラルアップ2段階方式：第2ステップ ……… 85
- 5.4　SE7にもとづく事例 ………………………………………… 95

第6章　次世代のものづくりに向けて　………………………… 99
- 6.1　中小企業における新価値創出としての新TQMとISOの融合 …………………………………… 100
  - 6.1.1　新TQM ………………………………………………… 100
  - 6.1.2　ISO再考 ……………………………………………… 100
- 6.2　科学的先手管理(SE7)のさらなる発展 …………………… 101
- 6.3　SE7の多様性 ………………………………………………… 103
  - 6.3.1　顧客の声を品質に反映させる品質展開表 ………… 103
  - 6.3.2　ベンチマーキング …………………………………… 103
- 6.4　これからのグローバルな質マネジメントと温故知新 ……… 104

参考文献 ………………………………………………………………… 105
索　　引 ………………………………………………………………… 107

第1章
ものづくりにおける先手管理の重要性

1.1　はじめに

　ISO 9001（品質）、ISO 14001（環境）などのマネジメントシステム（MS：Management System）の認証は一時期かなり増加したものの、こうしたISO規格のMSの認証は近年、全体的に減少傾向にあるといえる。

　日本の品質管理に、TQM（Total Quality Management、総合的品質管理）は貢献してきたが、今日ではTQMが正しく普及していない事情もあって、品質に関する不良、失敗、クレーム、事故やリコール問題など、現場において数多くの問題が解決しきれずに表面化してきており、これらには多岐にわたる原因が複雑に介在している。

　このような問題に対処するとき、問題発覚後に慌てて処置をしたり、再発防止を行うのは当然の対応であり、このような活動を後手管理という。しかしながら、後手管理での対応では、経営への影響が大きいため、このような問題が発生しないように体系化された科学的な行動を起こすことが重要であり、この活動を後手管理に対して科学的先手管理と定義する。本書は、こうした科学的先手管理の入門書である。

1.2　ものづくりの課題解決アプローチ

　昔から、ものづくりの現場では、QC七つ道具、QC工程表、作業標準書などを活用して、製品はつくり込まれてきた。

　しかし、現代では、組織的な戦略に欠かせない勘・経験・知識や決断力と管理力、それらの要素技術とシステム、現場力のハードウェアとソフトウェアのマネジメント力を向上させることが求められており、それらの要求に応じる手段として先手管理が強く求められている。

　特に、ものづくりの現場では、初物・初品管理を行う場面（表1.1）や、ベテランでもやりがちな「禁止事項」（表1.2）に注意すべきであり、品質に影響する行動をとる場面の判断における「落とし穴」（表1.3）に陥らないよう注意すべきであるが、個人として気を付けていても、組織として対

表1.1 初物、初品管理の事例

No.	初物として管理	No.	初品として管理
1	作業を開始(人、方法)したとき	1	新規に設計した製品
2	作業者が変更(人)になったとき	2	設計変更した製品
3	作業標準を変更(方法)したとき	3	取引先を変更して製作した製品
4	工程を変更(設備、方法)したとき	4	生産開始3カ月間の製品(初期安定管理製品)
5	設備、機械を変更(設備)したとき	5	工程を変更した製品
6	刃具、工具を変更(設備)したとき	6	不具合対策を織り込んだ改善製品
7	段取替(設備、方法)をしたとき	7	新材料、新材質、新機構を織り込んだ製品
8	材料を変更(材料)したとき	8	VA・VEを実施した製品
9	検査方法を変えたとき	9	用途実施・拡大を行った製品

注) ここでは、「初物:初めての部品」「初品:初めての製品」と定義する。

表1.2 品質に影響する禁止事項10項目

No.	禁止事項
1	私の責任ではないので知らない、関係ないという言動、行動。
2	誰かがやってくれるからいいだろうという他力本願。
3	これぐらいは(この程度なら)大丈夫であろうという勝手な判断、独りよがり。
4	たくさんあるからこれぐらいは大丈夫だろうという甘い考え。
5	邪魔くさい(面倒くさい)から仕方がないだろう、わからないという諦め。
6	今までいけたから、今までも問題ないからいいだろうという安易な考え。
7	ちょっと直せば使えるから手直しが効くからいいだろうという自己満足。
8	数をこなすためには品質は仕方がないという行動。
9	納期に間に合わすためには品質は仕方がないという行動。
10	設備が悪いから仕方がない、という他人の責任にする行動。

表1.3 行動判断の落とし穴7項目

No.	落とし穴7項目
1	専門家や現場レベルなら、正しい判断ができる。→固有技術が育ちにくい。
2	原因が判明してから、処置をする。→品質不良が拡大する。
3	監査や製品の検査をすれば問題を防げる。→自己責任が低下する。
4	生産を止めないことが良い工場長である。→品質リスクが高くなる。
5	現場の改善は、生産性向上、効率を高めてコストを下げる。 →品質がおろそかになりやすい。
6	件数の多い項目から重点的にアクションする。 →ロスコストが増えるおそれがある。
7	返品された製品を再利用しても、問題はない。→品質リスクが高くなる。

応を行わなければ、根本的な問題解決にはならないといえる。さらに重要なことは、品質、安全についても3H管理(初めて、久しぶり、変更)を常に心がけて管理されることが必要である。

日本のものづくりの主要な思想は、検査で品質を管理する「検査重点主義」、工程で品質をつくり込む「工程管理重点主義」、さらに「新製品開発重点主義」というように変遷してきた。しかし、「良い品質」とは、「お客様がその製品を使ったときに、満足できること」であることは、昔も今も変わりはない。「良い品質」を常に維持・改善・向上していくためには、現場重視のモノの見方・考え方をしながら、ものづくりの現場で原理・原則に従った仕組みをつくることが必要である。さらに、問題解決活動を活発に行い、日々改善しながら、改善のシステムを再構築して「マーケットインの思想」や「原因を抑える思想」を組織に浸透させて、その強化を図ることが重要である。

こうした活動を継続して行うときに、「自律的な改善活動の効率化」「方針管理の深化」「付加価値の向上」の3つが鍵となる(表1.4)。

表1.4 科学的先手管理の3つの鍵

No.	3つの鍵	ポイント
1	自律的な改善活動の効率化	科学的先手管理活動の中心は、経済的な品質の改善にある。製品・工程・システムの改善を、継続的な全員参加の活動によって行う。こうした活動には、例えば、「私の仕事は私自身で保証するという自工程保証意識」「従業員全員がコスト意識をもてるような管理者意識」「実効的な時間管理」が挙げられる。
2	方針管理の深化	経営方針にもとづく中・長期経営計画、短期経営計画を定めて、企業組織全体が参画することで、効率的に目標を達成する。「結果に対する原因を追求してから、真の原因を除去する」アプローチと「結果を出すためのあらゆる要因系を管理することで、結果を管理する」アプローチという二つの考え方が科学的先手管理の基本とする武器である。具体的なやり方には、例えば、「社長方針の展開」「PDCA・経営戦略立案と方針管理の連携」が存在する。このとき、1.3節でも挙げている経営・事業活動の9つの機能とKPIが大きく影響してくる。
3	付加価値の向上	付加価値を高めるためには、一人ひとりの生産性が重要であり、その向上を図らなければ企業は衰退する。このとき必要とされるのは、現状維持ではなく、改善である。目的達成のための仕組みは固有技術の向上を重視すべきであり、改善のレベル向上、改善の方法・手法そのものの改善、改善の体系化・標準化が行われていることが重要である。

1.3 科学的先手管理の概念とその特長

1.3.1 科学的先手管理の概念

従来より「未然防止」「予防処置」の考え方[1]は存在するが、そうした考え方と「科学的先手管理」の大きな違いは、時間(T)にある。Tを「浪

---

[1] 未然防止／予防処置のJSQC定義は、「活動・作業の実施にともなって発生すると予想される問題を、あらかじめ計画段階で洗い出し、それに対する対策を講じておく活動」となっている(日本品質管理学会:『品質管理用語 JSQC-Std00-001:2011』、日本品質管理学会、2011年、p.10)。

費しやすい資源」と「希少価値のある資源」の要素に分別したうえで管理し、最小限の時間で「Q(品質)」「C(コスト)」「D_1(量)」「D_2(納期)」「E_1(環境)」「E_2(教育)」「S_1(安全)」「S_2(セキュリティ)」「M(モラル)」(以下、本文でQCDESMと総称する)というシステムにおける経営・事業活動の9つの機能それぞれに対してKPI(Key Performance Indicators、重要な業績評価指標)および目標を設定する。その後、それらを達成できるよう事前に検討して管理していくなかで、最終的にこれらの活動を発展させてM2M(Machine to Machine)、IoT(Internet of Things)を活用し、持続可能な組織を創造することを目的とする。ここでM2Mとは、機械と機械が通信ネットワークを介して、情報をやりとりして高度な制御、動作を行うサービスをいう。また、IoTとは、あらゆるものにセンサーを取り付け、モノの状況を瞬時に把握し、それらの情報を使って製品開発や、新しいシステムやサービスを行う「モノのインターネット」のことで、M2Mよりも広い概念・理念である。

　科学的先手管理の特長は以下の7点ある。

① 経営・事業活動の9つの機能の管理
② 時間の管理
③ 改善の実行と成果
④ KPIの設定と評価
⑤ 目標の設定と達成度
⑥ M2Mの活用
⑦ IoTの活用

　さらに、科学的先手管理は、Plan-Do-Check-ActのPDCAサイクルにもとづいたアクティブ・マネジメント(積極的経営)に寄与する管理システムである。すなわち、従来の多くの時間とコストがかかる「後手」対策のマイナス側面に対する管理システムではなく、生産現場や積極果敢に攻める経営者にとって、先の見通しを立てて次の一手(先手)を目指すための管理システムと定義づけることができる。

1.3.2 科学的先手管理の特長

(1) 上流工程(新商品企画・新規開発)の重視

　マーケティング分野に科学的先手管理を取り込むことで源流管理を実践したり、Q・C・Dの管理によるユーザーニーズを先取りした新商品企画・技術スタッフの能力開発を行ったり、設計品質を工程でつくり込むことが重要である。こうした活動を行うためには、M2M、IoT などの情報技術・情報システムを確立し、市場品質についての情報システムを構築して、顧客の品質に関するすべての情報を開発・製造にダイレクトにつなぎ、顧客の立場に立った設計品質の評価を行うことが肝要である。

　こうした活動の基本的な原点は、お客様という概念(品質概念)、全員参加による工程戦略、工程改善、工程解析、工程設計、工程管理、人財育成にある。

(2) 科学的先手管理を行うための考え方

　科学的先手管理を行うためには、品質管理分野でも重要とされる考え方(マーケットインや後工程はお客様など)を組織のマネジメントの能力に応じて活用することが必要となる。

1.4 科学的先手管理の体系

1.4.1 管理者・責任者にとっての科学的先手管理の必要性

　日常の業務では、それぞれの組織のルール、基準、行動指針にもとづき、個人の役割や分担が決まっている。組織の構成員同士でコミュニケーションをとり、報告・連絡・相談を行い、業務を遂行するときに重要となるのは、コンプライアンス(法令遵守)である。昨今、これらの問題に起因する不祥事、事故などが少なくない。

こうしたコンプライアンス(法令遵守)の問題では、真の原因が多岐にわたっている場合が多いため、現場の作業がマンネリ化、形骸化しないように管理者・責任者が適切な行動をとれるような仕組みが必要である。

また、品質マネジメントシステム(QMS：Quality Management System)の審査登録制度の普及にともない、ISO規格の適合性の評価が主体となった守りの品質保証から、改善活動を中核とするTQM活動が主体となった攻めの品質保証へとレベルアップして、経営の質を高めることが必要であり、そのためのアプローチとして科学的先手管理が重要となる。

なぜ科学的先手管理が重要なのか、その理由を以下、「科学的先手管理七つ道具(SE7)」の構成を解説しながら述べる。

1.4.2 科学的先手管理七つ道具の構成

製品のパフォーマンスを適切に評価し、リスク管理を徹底すれば、一般的に組織の業績は向上する。

科学的先手管理は、常にPDCAサイクルを回しつつ、螺旋を描くようにマネジメントの質を高め、目的を効率的に達成するための仕組みである。その基本は「リスク管理の計画を立案し、その実行を管理すること」「実行するデザイン管理としてFMEA(Failure Mode and Effects Analysis、故障モードと影響解析)、FTA(Fault Tree Analysis、故障の木解析)、QFD(Quality Function Deployment、品質機能展開)を活用すること」にある。そして、それらの効果的な運用のためには、個人個人にモチベーションやリーダーシップをもたせる仕組みが欠かせない。

総合的な課題や問題点を解決する仕組みである「科学的先手管理七つ道具」の構成を図1.1に示す。

第1章　ものづくりにおける先手管理の重要性

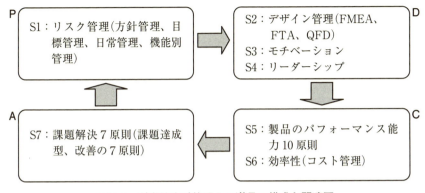

図1.1　科学的先手管理七つ道具の構成と関連図

1.4.3　スパイラルアップ2段階方式モデル

　中・長期経営計画としての品質・環境・財務・安全などと一体化したQMS、EMS（Environment Management System、環境マネジメントシステム）、ベンチマーキング・効率化を含めた経営方針・部門長方針を立てるときに、「科学的先手管理七つ道具」を活用して問題や課題を顕在化することが科学的先手管理の第1段階である。このとき経営者は経営上の課題や問題点を把握し、「自社の製品がお客様に満足される品質にあるかどうか」「その評価体制ができているかどうか」を判別するための活動を自らリーダーシップを示して推進する必要がある。

　一方、自社の強み・弱みについてSWOT分析などを行い、製品のパフォーマンスの改善を効率よく達成する活動も必要である。また、中長期の事業計画や売上目標、あるいは1.3節で挙げたQ、C、D_1、D_2、E_1、E_2、S_1、S_2、Mといった要素別の目標を達成することも重要である。こうした活動の際には、「事前の一策は、事後の百策に勝る」の考え方にもとづき、科学的先手管理を行う必要がある。このとき、品質マネジメントや環境マネジメントの面でISO規格とTQMの融合も期待される。

　さらに、PDCAサイクルを扱う際にも、結果ありきの従来型の扱いで

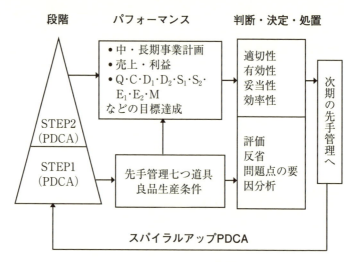

図1.2 スパイラルアップ2段階方式モデル

はなく、リスクの回避・問題の発生防止に重点を置いた戦略的な扱いが今後必要となる。これらの活動を効率的に展開して、具体的に取り組むことを科学的先手管理の第2段階とする。

以上をまとめると図1.2のようになる。

第2章
科学的先手管理七つ道具(SE7)

2.1 マネジメントの見える化

　英国の生物学者チャールズ・ダーウィンの「適者生存の法則」にもあるように、生き残るのは最も力の強いもの、最も頭の良いものではなく、最も変化に対応できる生物である。マネジメントシステム（MS）にも経営にも同じ法則が働いている。

　ものづくりの基本は品質管理である。現場を出発点とした顧客満足を高める活動では、「結果で管理する」後手管理と、「結果を管理する」先手管理の両方が重要となる（図2.1）。

　第1章で紹介した「科学的先手管理七つ道具」は、自然科学と社会科学の両方を融合した総合的な考え方である。

　一般に「分析」という場合、データや事実を中心とした形式知を取り扱うことが中心となるが、不確実性がともなう複雑な現代のさまざまなシステムでは、分析が必要な概念も、ただ分析するだけではなく、ほかの概念と統合したり、融合させる必要がある。統合したり、融合することは、今日では暗黙知の領域でもあるので、そういった暗黙知をいかに形式知化するか、つまり「見える化」するかが、これからの企業・組織のマネジメントの課題となる。

　筆者の経験によればMSには、根拠となる規定そのもの（形式知）に加えて、時代の変化に対応するなかで組織に生まれた独特の「光物」（ひかりもの）（暗黙

```
＜結果系：製造プロセス＞
コストダウン額・クレーム件数・納期遅延件数      ⎫
工程不良率・生産能力・棚卸廃棄額              ⎬ 結果で管理する
ロスコスト・出荷検査不良率など                 ⎭

＜要因系：製造プロセス＞
5M（作業者、機械・設備、原料・材料、方法、     ⎫
測定・計測）が不備にならないように管理する。    ⎬ 結果を管理する
                                          ⎭
```

図 2.1　科学的先手管理の例

知)もある。MSを運用するときには、「光物」[2]を活かした運用を行わないと期待する効果が出ない。

　科学的先手管理で保証すべき項目に対しては組織の光物を重視したKPIを数値化するなど、管理指標を用いる。ほかにも以下の項目に対しては、組織の活動によって取捨選択しつつ、管理指標を活用したほうがよい。

- 顧客に関する管理指標
  　顧客クレーム件数、顧客満足度、リピートオーダー
- 経営に関する管理指標
  　シェア、売上高、利益率、設備投資額、新製品開発件数、内部監査のコスト対効果(効率性)、品質コスト、廃棄物処理費用
- 製造に関する管理指標
  　日程達成度、コスト、リードタイム、不良率、納期、工程能力
- サービスに関する管理指標
  　事故の修理時間、製品のメンテナンス、MTBF(Mean Time Between Failure、平均故障間隔)、MTTF(Mean Time To Failure、平均故障寿命)、故障率
- 設備や要員に関する管理指標
  　設備故障、稼動率、離職率、従業員満足、労働災害件数、改善提案件数
- 結果系(営業販売プロセス)に関する管理指標
  　利益、コスト、販売量、製品在庫数、新製品開発件数、クレーム件数、受注率、新規顧客受注率

　本章では、第1章でも紹介した「科学的先手管理七つ道具」についての解説を行い、その運用法における注意点について述べる。

---

[2] 光物(HIKARIMONO、ひかりもの)とは「組織が有するほかと比べて優れたプロセスまたは仕組み」のこと。例えば、半永久的な部品の供給を行えるシステムなど。

2.2　S1：リスク管理—P(計画)

ポイント　方針管理と日常管理、機能別管理の考え方をリスク管理の観点から効率よく活用する。

2.2.1　リスク管理

　各階層ごとにおける業務遂行上の課題は、品質、コスト、納期、生産量、採算性、環境、安全、人財育成といった組織運営上の重要な要素の問題点が原因となっていることが多い(図2.2)。こうした要素を事前に見える化して、組織に重大な影響を及ぼさないようにするためには、一定の目標を決め、それが達成されるよう解決する必要がある。この際、事前に解決すべき問題は、期待されている結果が得られないうえに、好ましくない

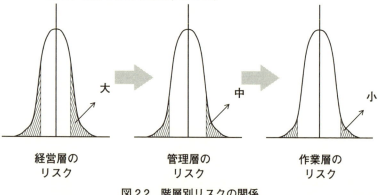

図2.2　階層別リスクの関係

結果を得てしまうような問題であるが、その解決の方法には、以下に述べる日常管理や方針管理、機能別管理がある。

日常管理や方針管理のそれぞれにおけるリスクの判断は重要なのだが、その重要度の判断基準は、以下に定義するRPN(Risk Priority Number、危険優先度指数)で評価するとよい(**3.3.2項**参照)。

$$RPN = F1 \times F2 \times F3$$

F1：発生頻度(発生の可能性)

F2：事象の影響度

F3：検出の難易度(発見すべき段階)

2.2.2 日常管理と方針管理

(1) 日常管理

日常管理の定義は「一定の目標にもとづいた方策を立て、日々の管理を行うこと」であるため、方針管理と比べて難易度や重要度が軽いテーマを策定し、その活動の維持や改善活動を行う。

(2) 方針管理

方針管理の意義は「ブレークスルー(現状打破)」にあるため、現在の価値観を覆すほどの革新的なことに挑戦し、実現しなければ意味がないとされる。方針管理は、組織の基本方針や中・長期方針、年度方針などで示される場合が多く、そこには経営者のビジョンが明確に打ち出されている。

方針管理では、現状を打破しないと解決できない複数部門で解決すべき課題を最大でも3項目程度挙げる。方針管理の活動は、日々の日常管理に追われて疎かにならないよう、管理者が常に監視し、適切にフォローアップすることが必要である。

(3) 方針管理と日常管理の運用

方針管理と日常管理を正しく区別し、混同しないよう気を付ける必要が

あるが、中小企業の場合、方針管理と目標管理の厳密な区別にこだわるよりも、業績成果を重視したほうがよい。

　方針管理も日常管理も、現場で実行するときは、お互いが相互に関係することを意識し、適切なPDCAを回し、目標を達成しなければならない。どちらも重要なことは、解決したい課題に対して目標を決め、その難易度、重要度を判別し、達成への道筋を明らかにして、組織がもつ資源の配分を決めることである。

(4)　目標の決め方

　方針管理と日常管理でも、目標を決めることは重要であるが、そのときには一連のPDCAを意識しなければならない。

　方針を決めた後に、現状分析を行い、適切な目標を定める。その後、目標を達成するための方策を策定して、活動計画を作成し、方策を実施する。それが終われば、方策の効果を確認して、反省すべき点は反省し、効果が十分でなければ新しい方策を考える。

　目標を立てる前の現状分析は重要である。例えば、クレームが多いため、これを削減する場合、クレームの削減目標を立てるときに、クレームの実態調査やその分析をどのように行うかが鍵となる。

　また、方策を策定するときには、関連部門とのすり合わせや情報交換(キャッチボール)を行い、円滑に実行段階まで至ることが重要である。この場合、複数部門で共同の目標を立て、それを達成するやり方が望まれる(表2.1)。

2.2.3　機能別管理

　組織は常に買手(顧客)と売手(生産者、供給者)の関係で成り立っているので、品質マネジメントの基本的な考え方(顧客重視、リーダーシップなど)を重視した実効性のあるマネジメントが不可欠となる。ここで、機能別管理が重要となる。

表2.1 方針管理様式の例

課題	工程内不良削減	重要度	難易度
目標値	前年度実績の半減(%または金額)	A	A
達成する方法(方策)	①不良の真の原因を分析する(5W1Hを使い、分析する)。	A	B
	②分析結果により自工程保証の項目を関係部門、現場と改善計画のすり合わせる。	A	B
	③先手管理のPDCAをフォローアップする。	A	B

注1) 重要度については「A:自部門のみで解決できないが、複数部門共同で解決できるもの」「B:自部門で解決できるもの」としている。

注2) 難易度については「A:既存の技術力、管理力で解決できない高度なもの」「B:既存の技術力で解決できるもの」としている。

　機能別管理とは、「組織の機能を、製品の品質やコスト・納期・量、あるいは環境・安全・教育といった要素、または営業・財務などの観点から分析し、管理すること」である。経営的な課題を認識したら、こうした機能別の課題も明確にしていかに実行するか、機能の違う組織間でいかに連携するかが鍵となる。

2.3 S2:デザイン管理 ― D(実施)

ポイント　デザイン間における先手管理の運用。

2.3.1 品質保証の基本と技術ノウハウとしての失敗事例

　事故や問題を発生させない科学的先手管理の理念は、品質保証の基本でもある。この理念は、あらゆる管理に必要なものである。品質トラブルが発生した後でその対策を考えるより、最初から不良品をつくらないよう先手管理を行うことが経営的に優れている。これは人間の健康管理や安全問題でも、機械の維持管理などでも共通している。

グローバル化によって技術革新のスピードが速くなればなるほど、組織もそれに応じて新製品を開発し、モデルチェンジを頻繁に行って、シェアの確保や利益確保力を高める必要がある。このとき、新機械設備の開発や導入を行うことで部品精度の向上や省力化、原価低減や生産性向上のメリットもある一方、品質トラブルのリスクが高くなる可能性もある。新製品は、ふつう、一定期間、初期安定管理や初期流動管理を行うが、リスクが表面化することで、初期トラブルや発売時期の遅れ、目標原価の未達成などを起こしてはならない。組織に対する顧客の信用や製品の採算性を失うからである。設計品質、市場性、生産性、採算性という観点から適切なマネジメントが必要である。それぞれについて解説すると以下のようになる。

① 設計品質：商品化後の正常な商品が、すべて本来的にもっているべき品質として、その試作品がもっているあらゆる品質特性と、その水準である。設計品質は、試作品について各種の試験を行うことによって測定し、これを目標品質および競合商品の品質の水準と比較することによって評価される。ここに、試作品は設計部門の意図どおり、忠実に製作されたものであることを前提とする（設計検証、設計の妥当性確認）。

② 市場性：①をもつ商品が、どれだけの市場価値をもち、販売量・市場シェアをどれだけ確保できるかによって評価されるものをいう（商品企画の達成）。新製品の市場価値は、その設計品質の水準と、競合商品のそれとの差（品質差）が顧客にとって、どれだけの現在価値の差となり得るかを見積もることにより、競合商品の市場価格と対比して算定するものとする。

③ 生産性：設計品質を製造工程で商品として具現する場合の、材料・部品の所要量の大小や入手の難易度、所要生産設備・人員工数の大小、生産技術上の難易度などをいい、具体的には、その製造原価の大小に反映されるものをいう（工程管理、工程設計）。

④ 採算性：市場価値から導かれる販売価格と、製造原価との比また

は差をいう(商品企画の達成)[3]。採算性は、この比または差を、会社が期待するそれと比較することにより評価される。

新製品開発には、技術ノウハウの継承も必要である。技術ノウハウの明確な定義はないが、「ベテラン各自がもっている単独の知識、経験、その集積、またはそれらを応用、実施するのに必要な知識、経験、その集積のうち、組織の目的に役に立つもの」といえる。

技術ノウハウは、それを創作・開発・体得した者が秘密にしがちであるので、組織内で各自がもつ技術ノウハウを明確にしてその伝承を図る必要がある。「何を、どの程度伝承するのか」をルール化して、技術ノウハウをできるだけデータベースで保存し、OJT(On the Job Training)などに活用することが重要である。

こうした技術ノウハウには、先手管理に役立つ失敗事例集なども含まれる。以下、それを分析する際に役立つ代表的手法(FMEA、5なぜの法則)を紹介する。

2.3.2 FMEA

FMEA(故障モードと影響解析)は、「設計上の不完全な点や製品・システムの潜在的な欠点を見い出すために、構成要素の故障モードを摘出し、その上位アイテムおよびシステムに対する影響を解析する技法」であり、事前の予測にもとづいた問題発生防止手法として有用である。具体的には**2.2.1 項**でも取り上げた危険優先度指数(RPN)を算出し、その数値の高いものから改善・予防策を考えていく。

DR(Design Review、デザインレビュー)の基本機能に対しても、設計条件を網羅して、見落としを少なくする。また、設計内容を確認し、配慮の欠落を防止したり、設計者と各部署間の情報の流れを改善する。こうし

---

[3] このことから、「市場性(販売価格)は設計品質の金額価値評価(Value)であり、生産性(製造原価)はその実現費用評価(Cost)である」ということができる。

た機能を通じて設計に起因する問題の予防的検討・処置ならびに情報の共有化を図る。

2.3.3　5なぜの法則

　有名なトヨタ生産方式が構築されるなかで、用いられた手法が「なぜなぜ分析」の始まりといわれている。ある一つの事象に対して最低5回の「なぜ」をぶつけることで物事の因果関係に潜んでいる本当の原因を突きとめるやり方である。

　具体的には、ある事象に対して「第1のなぜ」でその事象を起こした原因を特定すると、「第2のなぜ」で「第1のなぜ」の原因を特定する。その後も、「第3のなぜ」で「第2のなぜ」の原因を特定する……ということを繰り返す。そして、「第5のなぜ」までには真の原因が特定できる。このとき、さらに3H（初めて、久しぶり、変化）の視点から事象を分析するのもよい。

2.3.4　科学的先手管理（SE7）のポイント

　「科学的先手管理（SE7）」では、仕事の仕組みの源流（上流）にさかのぼって、1次、2次、3次……と体系的に要因を掘り下げ、トラブル発生の根本原因を追求する。それができたら、二度とトラブルを発生させないため、設計・製造段階で問題点を明確にしてレビューすることが必要である。

　二度とトラブルを発生させないためのSE7のポイントを表2.2、図2.3に示す。

表2.2 二度とトラブルを発生させない先手管理のポイント

	行うべき先手管理の内容
ステップ1	設計上の問題点をしっかり摘出し、以下のような活動を行う。 ① ユーザ要求品質の機能を展開する。 ② ねらいの品質を確実に設定する。 ③ 予想トラブルの予防策を検討する。 ④ QFDを実施する。 ⑤ FMEAを行う。 ⑥ FTAを行う。 ⑦ デザインレビュー(DR)を行う。
ステップ2	製造段階での管理ポイントを明確にし、以下のような活動を行う。 ① 設計品質を達成するために管理特性、管理チェックポイントを明確化する。 ② 工程のFMEAを活用する。 ③ 品質保証体系図を活用する。 ④ QC工程表を活用する。
ステップ3	品質の評価を確実に行い、以下のような活動を実施する。 ① 設計段階で品質を評価する。 ② 量産試作段階で品質を評価する。

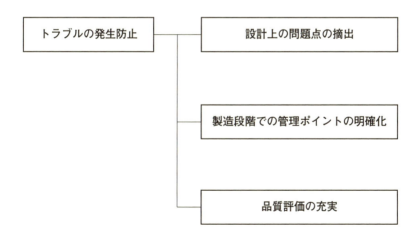

図2.3 トラブルを発生させないSE7のポイント

2.4 S3：モチベーション―D（実施）

ポイント 個人のモチベーションを高めたり、個人間のコミュニケーション、チームワークを円滑にする。

(1) モチベーションの考え方

個人的なモチベーションを高める基本要素は、現場力、管理者の管理力、経営者の戦略力であり、モチベーションの量はこれらの掛け算に比例するため、どれが欠けてもモチベーションは高まらない。

- 現場力：現場の問題点、課題を設定し、固有技術を高め、創意工夫を行い、あらゆる手法を使って解決する能力である。ハードウェアのみでなくソフトウェアも求められる（ハードウェアにソフトウェアを加える）。
- 管理力：単一の固有技術、要素技術だけがあっても、複雑な問題を解決するためには労多くして効果が出にくい。これらをシステム化することによって、管理機能が向上する（要素技術にシステム化技術を加える）。
- 戦略力：勘と経験を重視して、あらゆる問題を解決するには、マネジメント力を高める必要がある（勘・経験にマネジメント力を加える）。

現場力を左右する4M（作業者、機械・設備、原料・材料、方法）は、仕事を成功させるために不可欠な因子であるが、ここに測定・計測（Measurement）も入れて5Mで考えたほうがよい。5Mのうちもっとも重要なのは作業者（Man）[4]である。

現場力も、管理力も、戦略力も、その根底となるのは人の熱意である。熱意を高めるために有効な特効薬はないが、古典的なマズローとハーズ

---

[4] 5Mではなく、男女同権を考えて、Manの代わりにPeopleとして、4M1Pといっている人もいる（『第3版 品質管理入門』（石川馨、日科技連出版社、1989年）のp.66）。

バーグのような動機づけ理論は参考にできるだろう。

(2) 教育・訓練を通じて、チームワークの基礎を築く

　チームのなかで個人が活躍するためには、個人に対する教育、訓練が欠かせない。まずは、現場作業者の一員として、作業標準を理解させ、標準どおりの作業を行えるよう訓練し、標準化とは何かを理解させる必要がある。それができたら、データを集めて現状を把握し、それらを分析して行動に結びつける習慣を身につけさせたり、QC手法の活用を指導して、QC的ものの見方・考え方を修得させる。同時に、現場や現物、実物や見本などを示し、実際の行動が品質に及ぼす影響を学ばせたり、不良が発生したときの損失を実際の金額で認識させたり、より一層品質を確保する努力を続けさせる。

　こうした基礎教育を終えたら、現状の作業をスケッチさせ、改めて全体像を把握させる。例えば「今の作業は何を原料・材料とし、どのような設備・機械を使って、どのような方法で行っているのか」について、作業手順を追わせつつ、工程ごとに各作業のポイントをつかませながら書かせる。その様式は仕事の種類によって、まとめやすい形式に統一しておくとよい。

　このようにして経験を積むと、作業標準書を守らない可能性もあるので、守りやすくなるよう工夫が必要である。このとき、現場の規律やコンプライアンスの順守がされなくなったり、モラルが低下することで問題が発生しないように、自己責任をもった現場を創造する必要がある。

2.5　S4：リーダーシップ ― D(実施)

ポイント　PDCAサイクルを有効にするために、トップによるリーダーシップが必要とされる。

(1) リーダーシップの基本要素

　ISO 9001 規格では「品質マネジメントの原則」のなかの1つとして、「リーダーシップ」について、「リーダーは、組織の目的及び方向を一致させる。リーダーは、人々が組織の目的を達成することに十分に参画できる内部環境を創りだし、維持すべきである」と述べている。このように、リーダーシップのなかで、特に重要なのはトップによるものである。

　リーダーは、目的を明確にして、PDCAサイクルを回し、結果を出さなければならない。リーダーのもつ力は、「考え方」「計画性」「能力」「執念」の各要素を足し算したものではなく、掛け算したものとなる。リーダーに一番大切な性質は「執念」であるが、欠けやすい性質も「執念」である。夢をもち、その実現のための忍耐心、執着心があるリーダーこそが、部下を共感させ、部下のできないことができる。例えば、部下に適切な助言を適宜行うなどである。

　リーダーシップを発揮するのに重要なのは、以下の基本要素である。

① 品質技術的な観点から見た場合
　　短納期、コスト低減、品質の安定化、要員の力量、スキルの向上、工法開発のスピードアップ、環境対応など、技術力、管理力、現場力の向上
② 5METの観点から見た場合
　　作業者、機械・設備、原料・材料、方法、測定、環境、時間
③ 全員参加の観点から見た場合
　　変化に適した効率的な目的達成のための活動

(2) 現場改善活動(小チーム)とリーダーシップ

　現場改善活動(小チーム)ではリーダーシップの育成が重要視されるが、そのねらいは以下のとおりである。

- 職場の課題をメンバー全員で討議し、目標を決め、自主的に推進させる。
- メンバーの自己研鑽の場として小チームに積極的に取り組ませる。

よって、現場改善活動(小チーム)における監督者の役割と心得は以下のとおりである。

- 監督者自身が小チームの意義や目的を正しく理解し、認識を深めておく。
- 現場改善活動(小チーム)の活動報告書には目を通して評価をしておく。
- 職制として分担すべき仕事や準備などをチームに任せ放しにせず、適切な援助をする。
- 必要な情報があれば、意識してメンバーに伝えるようにする。
- 監督者自身が職場の問題点をつかみ、活動経過について関心をもち必要に応じて助言する。
- 目標と比べた達成度がわかるように、できるかぎり評価項目を数値化してチームごとに評価する。
- 目で見える成果だけでなく、現場改善活動の過程で得た無形の効果を把握しておく。
- 目標の達成だけでなく、メンバーの人間的成長にも絶えず関心をもつ。

監督者が現場改善活動(小チーム)を指導する際のポイントは以下のとおりである。

- 活動のテーマが、自職場の課題に密着しており、チームで解決でき、全員の賛成を得られるものになっているか。
- 活動のテーマは、品質、設備機械、安全、原価などに関するもので、現場改善活動にふさわしいものになっているか。
- チームの目標と具体的な活動内容とにずれがないか。
- いきづまったり、遅れているチームを把握し、問題解決に向けての助言をしているか。
- メンバー全員に役割を分担させ、決めた期日までに目標を達成させているか。

現場改善活動(小チーム)のリーダーを育成する際の監督者のポイントは

以下のとおりである。

- 小チームをリーダー育成の場として捉え、できるだけ多くの部下にリーダーを経験させる。
- リーダーとの対話を多くもち、悩みや問題点をこまめに聞いて、5W2Hを活用し、勇気づける。

　　　い　つ：時期、期限　　　　（when）
　　　どこで：場所、場面　　　　（where）
　　　だれが：担当　　　　　　　（who）
　　　なにを：内容、目的　　　　（what）
　　　な　ぜ：理由、動機　　　　（why）
　　　どのように：手段、方法　　（how to）
　　　どれくらい：費用　　　　　（how much）

2.6　S5：製品のパフォーマンス能力10原則―C（確認）

ポイント　製品のパフォーマンス能力10原則（設計・開発評価10原則でもある）を確実に実施する。

　試作品を評価する目的は、商品化の是非を判定することにある。試作品の品質水準を測定することで、開発された新商品が、商品企画や開発計画のねらいや目標を達成して「商品」の必要かつ十分な条件を備えたものになっているかどうか、あるいは、その水準はどの程度なのかを評価することにある。評価の基本事項は **2.3.1項** で述べたように「設計品質」「市場性」「生産性」「採算性」の4つである。今一度、設計品質について解説する。

　設計品質とは、「商品化された後の正常な商品が、すべて本来的にもっているべき品質として想定されるあらゆる品質特性」である。

　設計品質を測定するためには、試作品を各種の試験にかけ、その結果を目標の品質や競合商品の品質の水準と比較する。このとき、以下に挙げるパフォーマンス能力10原則の観点から、新商品企画や設計・開発プロセ

スを実施するとよい。

① 性能(機能、作業性)：機能、働きなど。
② 信頼性、耐久性：故障しないこと、故障しにくいことなど。
③ 経済性：イニシャルコスト、ランニングコストなど。
④ 取扱いやすさ、操縦性：簡素化、単純化など。
⑤ 安全性、安心性：トラブル、事故ゼロなど。
⑥ 居住性、低公害性、環境性：快適、感動など。
⑦ 保守・整備性、解体のしやすさ、リサイクル性：メンテナンス、修理など。
⑧ 搭載性、据付性、運搬性：取扱い、運搬、コンパクト化など。
⑨ 外観：キズの有無、デザインの善し悪しなど。
⑩ 遵法性、法適合性：規制、法律、暗黙の了解など。

また、新商品企画や設計・開発プロセスを実施する前に、そのパフォーマンスを評価する指標としてKPI(重要な業績評価指標)があるが、それは以下の観点から数値化したものであり、これらは組織の実態に見合った管理指標を設定すればよい。例えば、**表2.3**のようにまとめられる。

- 顧客：顧客クレーム、顧客満足度、リピートオーダー
- 経営：シェア、受注売上高、利益率、新規顧客受注率、納品

表2.3 KPI(重要な業績評価指標)の例

営業販売プロセスおよび製造プロセスにおける管理項目

	結果系管理項目	要因系管理項目
営業販売プロセス	利益、コスト、販売費、製品在庫数、新製品開発件数、クレーム件数、受注率、新規顧客受注率	新規顧客、新製品の利益、営業訪問件数、セールス要員数、営業戦略、マーケティング、商品規格、提案件数
製造プロセス	コストダウン額、クレーム件数、納期遅延件数、工程不良率、生産能力、棚卸廃棄額	コストダウン件数、時給、パート化率、不良在庫高、工程異常発生件数、設備稼働時間、設計変更件数、VA・VE件数

- 製造：日程達成度、コスト、リードタイム、不良率、納期、工程能力
- 設備：設備故障、稼働率
- 要員：離職率、従業員満足、労働災害件数
- 個々のプロセスのパフォーマンスを監視する指標

2.7　S6：効率性 ─ C（確認、チェック）

ポイント　品質コスト管理を、効果的・効率的に実施する。

2.7.1　科学的先手管理（SE7）活動の効率性

　科学的先手管理（SE7）活動の効率性を評価する方法の一つにコストにもとづいたやり方がある。A.V. ファイゲンバウムはコストを「予防コスト」「評価コスト」「失敗コスト」の3つに分類し、「品質コスト全体のうち、失敗コストが約70％、評価コストが約25％、予防コストが約5％」という旨を述べている[5]。つまり、多額の費用が製品不良＝品質上の失敗コスト（Failure Cost、Fコスト）に費やされている。

　3つのコストを言葉の数式にすると、以下のように定義できる。

　　F（Failure）＝品質上の失敗コスト（クレーム費、仕損費など）
　　P（Prevention）＝予防コスト（テスト、教育、統計、解析、事務にかかる費用など）
　　A（Appraisal）＝検査コスト（検査、検定、試験、器具にかかる費用など）

2.7.2　品質上の失敗コスト（Fコスト）

　SE7の成果は、各企業においてさまざまな定性的評価、定量的評価の

---

[5]　A.V. Feigenbaum：*Total Quality Control*, McGraw-Hill, 1991.

結果にもとづいて管理される。その一つの方法として、品質コストの一種である、品質上の失敗コストがどのように低減されているかを毎年管理していく方法がある。品質上の失敗コストを周知して、管理会計制度と連動させることで、コスト意識を従業員一人ひとりにもたせ、結果として品質向上活動に役立てることが期待される。

　一期間に発生する費用のうち、潜在的な管理不良として発生する費用を区分し、その発生原因を究明・解析できれば、再発防止、品質改善を図れるとともに、年初に低減目標値を設定して実績を管理し、活動を強化するのに役立てることができる。

　品質上の失敗コストの管理項目の大枠はクレーム費、クレーム予防対策費、社内不良損失費とするなど企業に適したやり方で定義づけをしておけばよい。これらの評価値が、例えば「売上高に対し、どれくらいの比率が適切か」というのには各企業で違いがあろう。これは企業において管理費目が異なるため、一概に比較するには無理がある。現在ではppm（parts per million、百万分率）管理のオーダーで評価されている企業も出てきている。

　以上のように、品質上の失敗コストは、適切な管理体制を構築したうえで品質コストの一種として管理する必要がある。

2.7.3 クレーム費

　品質コストとして管理すべきものには、クレーム費もある。クレーム費比率は、「設計（製造）に起因する（月または期に基づく）クレームの損失金額」を「（月または期に基づく）生産高または売上高」で割って算出する。

　クレーム費を計算するためには、組織全体のクレーム費用が、数値で把握できていることが必要である。例えば、事業本部全体のクレーム費用と課全体のクレーム費用を比較するといった具合である。また、継続してクレーム費用を把握することで、過去から未来へと挑戦する目標を立て、自職場の意識高揚を図ることもできる。また、予防コスト、検査コストにつ

いては、日常的な業務のコストになるので、特別にここでは扱わない。

2.8 S7：課題解決7原則 — A（処置）

ポイント 課題解決7つのステップを問題解決の9原則や改善の7原則を意識しながら実行する。

課題解決7原則は、仕事のやり方や工程における問題や課題を洗い出し、その解決の必要性を明確にする。その後、あるべき目標を設定して、さまざまなアプローチの仕方を検討し、どれを実施すべきかを決める。このとき、対策案をできるだけ多く出して事前評価を行ったうえで、最適案を決定する。

対策案を実施した後は、その結果を評価し、標準化を行い、それを定着させる。これが「課題解決7つのステップ」であり、その要素は以下のとおりである。

① テーマの選定
② 課題の明確化と目標の設定
③ 活動計画の作成
④ 対策の立案と評価
⑤ 対策の実施
⑥ 効果の確認
⑦ 標準化と管理の定着

以上の「課題解決7つのステップ」を円滑に行うためには、工程の特性と要因との関係を解析して、より良い対策を行うことが重要である。このとき、さまざまな角度から解決策が考えられるが、そのすべてを手当たり次第に行って、仮に効果があったとしても、それは決してうまい方法ではない。望ましい方法は、問題を起こしている真の要因を把握し、その要因を排除していくやり方である。より的を得た効果的な改善を効率的に実施するためには、問題解決の型を身につけておく必要がある。それを「問題

解決の9原則」として、以下にまとめる。
- ❶ 問題とすべきテーマを選定する。
- ❷ テーマを選定した理由を明確にする。
- ❸ 現状を把握する。
- ❹ 目標を設定する。
- ❺ 要因を解析する。
- ❻ 対策の検討と実施を行う。
- ❼ 効果を確認する。
- ❽ 標準化と管理を定着させる。
- ❾ 改善の反省と今後の課題へのフィードバック。

また、改善を行う際には、以下、7つの行動を意識するとよい。
- ① 廃止：やめる。
- ② 削減：へらす。
- ③ 標準化：統一する。
- ④ 簡素化：簡単にする。
- ⑤ 同期化：平準化する。
- ⑥ 機械化：機械に任せる。
- ⑦ 分担検討：外注する。

第3章
不良をつくらない・出さない先手管理

3.1　製品品質の諸問題

　組織が将来成功するかどうかは、組織が社会的責任として品質問題の解決に真剣に取り組めるかどうかにかかっている。そのためには、組織の課題や問題点を洗い出したうえで、それらのリスクを体系的に考察した後、トラブルにつながる諸々の要因を明らかにし、それらの要因を事前に解決していく仕組みを構築することが必要である。

　製品の品質に対する事故やリコールなどが起きた場合、その社会的な信頼性が低下してしまう。大きな品質問題へと発展するケースの背景にあるのは、設計・開発段階の見通しが甘かったり、現場の技術力が未熟だったり、高度なソフトウェア・ハードウェアを採用したときに関連分野や関連部門間のキャッチボールや連携がうまくとれなかったり……といった問題である。また、廃棄物や有害物質に関わる品質問題も対応を誤れば、企業における重要な問題になりうる。

　このような背景のもとで度重なるトラブルを避けたり、社会的な影響が大きい製品品質の問題を発生させないためには、スピードをもった先手管理のアプローチが必要である。

　以下、不良をつくらない・出さない先手管理の基本的な事項について述べる。

3.2　科学的先手管理(SE7)における評価の考え方

　先手管理活動は、その実施状況や成果について、常に評価され、その結果、改善されていく。ここでの評価は通常、「結果系」に対する評価と「プロセス系」に対する評価との両面から行われる。また、それをフィードバックする仕組みとして、「キャッチボールこだま方式」を紹介する。

3.2.1 結果系に対する評価

　先手管理活動は顧客の満足度にもとづいて評価されるべきであるが、不満足度（クレームの件数や仕損費など）で評価されることが多く、品質上の失敗コストもその一つの尺度となっている。こうした評価基準は、短期的には発生限界額や目標値を基準に、それとの比較で評価され、長期的には改善の結果が出ているか否かについて、総合的に評価される。例えば、仕損費とクレーム費などの失敗コストの合計額は、その算出基準や業種にもよるが売上高に対する比率を0.5％以下に抑えることが望ましい。

3.2.2 プロセス系に対する評価

　プロセス系に対する評価の主要な基準は、「あるべき姿のプロセスを実施する体制ができているかどうか」「あるべき姿のプロセスが実行されているかどうか」の2点である。具体的には、「品質管理やISO規格を実行するためのシステムや各種規程、手順書などに不備な点はないか」「情報処理や事務処理が適切にIT化されているかどうか」などが対象となり、その実施状況の調査については、現場で各種記録のチェックや直接的なインタビューが有効である。

　プロセスの評価で重要なのは、事後の評価よりもタイムリーな速度かつ短時間で、事前の評価を行うことである。事前の一策は事後の百策にも勝るからである。例えば、新製品を生産するにあたって、標準類の整備状況や作業者の教育・訓練状況を適切にチェックし、スピードを速め、トラブルを避けることは重要である。

3.2.3 キャッチボールこだま方式によるフィードバック

　問題が何かがわからないとか見えないために、どんぶり勘定でデータを集計しているケースを多く見る。

これらは問題を層別することで、対策を行うべき原因がどこにあるのかが見えてくる。起きた結果に対処するだけでは不十分で、「なぜその結果が起きたのか」を突き詰める「キャッチボールとコミュニケーション」が必要になる。これは打てば響き、返ってくる「こだま」である。

　起きた結果に対して「どうすればよりよくすることができるのか」「なぜ、このような結果が起きてしまったのか」について常に考える必要があるが、それにはこちらで変えられる要因と、変えられない要因が絡んでくる。物理法則はもちろん法的・倫理的・社会的な制約は個人の力では変更できないことが多いが、組織的な制約や発想・アプローチは、一人ひとりの努力で改善できるものも多い。起きた結果を、どうしようもない物事や他人のせいにしてはいけない。特に他人や他部署に変化を求めるときには、キャッチボールこだま方式が必要であり、それで明らかにした因果関係にもとづいて、丁寧に対応していく努力を惜しんではいけない。次工程に「御用聞き」に行く態度・行動を求めたい。

3.3　科学的先手管理と工程設計・製造工程における3つの鍵

　科学的先手管理では、作業工程における行動を改善したり、そこでのポカミスをゼロ化したり、品質評価と内部監査を通じて、作業の結果や作業工程そのものも改善することを重視する。

　以下、それぞれのプロセスについて、解説する。

3.3.1　作業工程での行動を改善する

　科学的先手管理七つ道具(SE7)を用いることで、製造工程で不良品をつくらないような品質管理を徹底できる。なぜなら、SE7では、作業者(Man)、機械・設備(Machine)、原料・材料(Material)、方法(Method)の4つのMと測定・計測(Measurement)、環境(Environment)、時間(Time)を加えた5METを中心として系統的な管理を行うからである。

以下、SE7における作業工程での行動の改善についての要点を述べる。

(1) 生産設備・治工具・測定器具の適切な保有・管理

高い品質の製品を製造するためには、適切な能力と精度の良い適切な台数の設備を保有・管理していくことが必要である。そのためには、「各設備ごとに性能の標準を定める」「その維持のために保全の標準を定める」「点検・検査標準を定めて日常的・定期的に点検・検査し、また整備基準を定めてそのとおり整備を行う」といったことが必要となる。ここでは、生産設備の油漏れ、水漏れ、エアー漏れ、ガス漏れの4モレが根絶されていることが最低条件となる。工程ごとに生産設備の「管理概要一覧表」や「設備点検表」を作成し、管理すると効果的である。

以上は、治工具および測定器具の保有・管理についても同様である。不適切だったり、目盛の狂ったゲージを使っていれば、どんなに努力しても良い製品はつくれない。適切な治工具・測定器具の導入とその管理（一定の時期に校正することなど）は重要である。

作業者に対しては、生産設備・治工具・測定器具の操作方法を適切に教育・訓練することで、それらの操作に習熟させることが欠かせない。

(2) 製造工程の管理

製造工程の管理は、全工程を工程別に区分し、各工程別に管理項目とその管理方法を決めた後、製品の品質特性とその検査方法、品質に重要な影響を及ぼす作業方法などを具体的に決めることから始まる。

例えば、工程の順序に従って原料、材料、部品の品質が変化する過程を品質管理工程図（QC工程表）などに書き表して、工程の概要を把握し、製品別に良品生産条件を設定することで、管理方法の概要を具体的に設計していく工程設計が重要である。ここで最も重要なことは、3H管理、5S（整理、整頓、清掃、清潔、躾）および3T（定位、定品、定量）、安全、環境に配慮した管理が行われていることである。

(3) 製造工程における作業標準の設定

具体的な製造作業の根拠となる作業標準を、各工程で設定し、作業者に適切な教育を行い、訓練を徹底し、日々実施させることで、「自分でつくった製品は自分で保証すべきである」という自工程保証の考え方を現場に根付かせる。「次工程はお客様」の考え方で、「御用聞き」を行う態度・行動を望みたい。

(4) 作業者への教育・訓練

(1)〜(3)では、その目的として、すべて生産性の向上およびミスの防止を目標に掲げるべきものであるが、要となるのはその作業を行う者であるから、その教育・訓練の重要性は何度でも強調できる。

作業者の教育・訓練のため、各種の技能検定には国家試験が行われており、それを活用できる。また、QC検定の取得を目指したり、現場改善活動(小チーム)を促進することで、品質の問題やその改善意識を高め、作業ミスゼロ意識を高めることもできる。

作業員自身、あるいは管理者・監督者が教育・訓練を重視することで、意識を高揚させ、モチベーションを維持・向上させることができる。

3.3.2 ポカミスをゼロにする

昔から製造現場でいつも取り上げられる問題として「ポカミス」が挙げられる。ポカミス対策は生産現場における最も重要な課題として認識されており、これに特効薬はない。

ポカミスはゼロにすべきである。そのためには生産技術的なアプローチを行ったり、ポカヨケ装置を工夫するとか、心理的な対策アプローチを行う(例えば、適当な心理的な緊張度をどう与えたらよいか)といったように、さまざまな方法がある。

ポカミスの原因を調査し、その対策を行う際、検討すべき事項は次のとおりである。

(1) ポカミスの原因：メカニズムの例
① 現場作業員に主に原因がある。
- 基本な作業標準を守っていない。
- 気分の切換えができていない。
- 体調が悪い。

② 周囲の環境に主に原因がある。
- そもそも作業環境が悪い。
- 周囲の整理整頓がされていない(5S および 3T)。
- 納期などに追われ、気持ちに余裕がない。
- 指示ミス・連絡ミスがある。

③ どちらともいえない。
- 「作業のマンネリ化」「作業への飽き」「気のゆるみ」が起きている。
- 作業に対する「思い込み」「勘違い」「見間違い」がある。
- 作業に対する確認ミスが起きている。
- 作業の内容を把握していない。
- 作業の仕様変更に気がついていない。
- 作業に慣れていない。未熟である。
- 品質意識が低い。

(2) ポカヨケ対策の例
【環境整備】
① 作業者の教育・訓練を行い、適材適所のための配置転換を行う。
② ポカミス装置(ロボットなど)の導入を行い、機械的にポカミスを検知可能にする。
③ 誰にでもわかる作業標準書を作成して理解させることで、遵守させる。
④ 製品の設計・工程変更を適宜行い、作業の単純化を図る。

⑤　作業環境の改善や整理・整頓を行い、明るい職場にする(5Sおよび3T)。
　⑥　工程変更、仕様変更時の指示を徹底する。

【個人別】
　⑦　規則正しい生活をする。
　⑧　自主点検を強化し、作業工程を第三者に再チェックさせる。
　⑨　作業時に適当な緊張感を与える。
　⑩　職場の人間関係を円滑にすることで、モラール(モラル)の向上をねらう。

(3)　ポカヨケ対策の基盤づくり

　上記で紹介したポカヨケ対策はほんの一例である。

　管理された工程には、設計時に予想できなかった条件が入り込む。最も多いのは環境条件で、温度・湿度・塵埃・ガス・塩分・振動・光・風・カビ、あるいは作業員の手垢・汗・髪、機械の油などといったものである。各製造工程では、こうした環境条件に対処すべく、許す限り清潔に保つべきで、そのためには「躾・整理・整頓・清掃・清潔」あるいは「節約」といった要素をもつ「新5S」活動も有効である。

　こうして環境を整えても、大量の製品のなかに少量の不良品が入る場合がある。しかし、これは製造側の立場からのモノの見方であり、顧客にとっては買った一品の良・不良が問題である。一品の不良は顧客にとっては100％の不良であるから、日々の適切な検査はもちろん、不良品を買ってしまった顧客に対しては、その自覚と適切な対応が必要である。

　製品を検査するとき、破壊しなければその品質がわからないものもあるから、溶接、熱処理、塗装の工程などでは、5M(作業者、機械・設備、原料・材料、方法、測定・計測)を保証することで、その品質を保証する。例えば、「溶接工の技量検定試験を行い、その合格者だけに作業を行わせたり、定期的に技量検定試験を行う」「作業標準を見直す」「材料の試験成績

書で確認する」「実際にテスト品に溶接して破壊テストを行う」などがある。

　品質不良およびクレームゼロは品質管理の永遠の課題であるが、現代ではこれを現実の目標として解決すべきものとされているから、この目標をどのようにして経済的に達成するかが、品質保証上最も重要な課題となる。そのためには、経営におけるリスクマネジメントが求められる。この際、用いられる品質問題のリスク判断基準としてRPNがあり、それは「$RPN = F1 \times F2 \times F3$」として定義される。この結果は、表3.1の基準をもとにして判断される。ここで、F1は発生頻度（発生の可能性）、F2は事象の影響度、F3は検出の難易度（発見すべき段階）で表3.2の判断基準に従い、リスク1〜10までの数値が割り振られる。基本的にRPNの数値の大きい問題から、対策を行うべきであるが、影響度が8、10となるものがある場合は、RPNの大小にかかわらず処置する。

表3.1　品質問題のリスク評価基準

リスク	F1×F2×F3	リスク判断基準
A	200以上	固有技術的に解決が難しいもので、基礎研究などを必要とするもの。
B	100〜200未満	真の原因究明が容易で、早期に解決できるもの。
C	100以下	個別処置および品質問題の登録を行うもの。

表3.2 RPN 判断基準

数値	発生頻度(F1)	故障の影響度(F2)	検出の難易度(F3)
検討の指針の例	① 設計の新規性はどの程度あるのか。 　過去や現在の量産品と機構(部品)が同じものか(同一設計)、類似設計か。 　今までの機構(部品)とかなり変わった設計か(新規設計)。 　使用材料などについても同様の考え方で検討する。 ② 製造工程の品質管理能力はどの程度あるのか。 ③ 市場の使用状況により問題は散発しているのか、特定地域に限られているのか。	① 安全上の問題(人身事故、PL問題)につながる危険性はあるか。 ② 性能、機能が停止・低下して、作業・操業能率を阻害するか。 ③ 外観・形状などが商品価値を損うか。 ④ 故障の修復が困難で修理費や既出荷対策費用が高くなるか。 ⑤ ユーザーの苦情は多いと予想されるか。 ⑥ 故障が発生すると営業施策にどのように影響するか。 ⑦ 周辺機器に及ぼす影響がどの程度あるか。 ⑧ クレーム対策費が、どの程度になるのか。 ⑨ 在庫への影響度合はどの程度になるのか。 ⑩ 対策の緊急度はどの程度になるのか。	① 製造工程、検査工程、運転工程などで発見、検出できるか。 ② 現地での据付、試運転、あるいは諸調整などで発見・検出できる可能性があるかどうか。 ③ ユーザーが通常の使用状態で発見できるかどうか。
リスク1	① ほとんど発生しないと思われる。 ② 過去や現在の他機種で類似機構(部品、類似材料)が使用されており、故障が今までに起こっていない。	① 性能または機能がほとんど失われない。 ② ユーザーが気付かぬ軽微な故障があるだけである。	① 100%自信をもって検出できる。 ② 社内検査を通じて、瑕疵は出荷までに100%発見できる。
リスク3	① たまに起こっていると思われる。 ② 特定の使用条件下では発生しうるが、発生する割合が低い。 ③ 使用材料によっては、発生しうるが、発生する割合が低い。	○ 性能・機能はほとんど失われないが、改善が必要であるもの、あるいは部分機能を失うが作業可能なものがある(例えば、ユーザーが簡単に補修できるものや、定期点検整備時に補修して処置ができるもの)	○ ほとんど(90%)検出できる(出荷までに大部分が検出され、未検出のまま出荷されることはまれである)。

表 3.2　つづき

数値	発生頻度 (F1)	故障の影響度 (F2)	検出の難易度 (F3)
リスク5	① 類似機構(部品)で他機種で、過去に故障がかなり発生している。 ② 品質管理不良あるいはユーザーの苛酷使用によると思われるものが多い。 ③ 故障が発生すると50％くらいの確からしさで発生している。	① 部分機能を失い作業が不可能となる。比較的簡単な補修で直る。 ② ユーザーのクレームが発生している。 ③ 性能または機能の改善が必要なものがある(保守点検がやりにくい。法基準に合っていない)。 ④ クレーム補償修理費は中程度である。 ⑤ 在庫処理が必要となるものがある。	○ ユーザーに到達するまでに50％の割合で検出できる(据付、試運転諸調整でほとんど検出できる)。
リスク8	① 故障の発生する確率が非常に高い。 ② 類似機構(部品)で他機種で過去に故障が頻繁に発生している。 ③ 製造工程の品質管理不徹底のためかなりの高率で発生している。	① 基本となる機能を失って、作業が不可能になっている。 ② 修理が大規模で、ユーザーから大きなクレームが起きている。 ③ 高価なクレーム補償・修理費がかかっている。 ④ ユーザーから故障を理由とする返品(または交換)があった。	○ ユーザーに到達するまでほとんど(90％)未検出である。 ・出荷までに検出不可能である。 ・販売時点ではこれらの大部分が検出できない。 ・通常の使用状態では検出できない。
リスク10	○ 故障は確実に発生する。	① 安全上の問題(人身事故、PLの問題)につながる。 ② 市場稼動機、在庫機に対して、全数クレームの積極的な予防対策が必要なものがある。	○ 故障発生までまったく検出できない。引渡し後にクレームが発生する使用中でさえユーザーが故障を検出できない。

3.3.3 統合的内部監査

(1) 統合的内部監査の必要性

近年、顧客の要求はますます多様化し、社会的な法規制や制約はより強化されている。そのため、企業全体の不祥事(コンプライアンスの問題、品質管理上の問題、リコールの問題など)が起きれば、社会的なインパクトのある問題がマスコミやインターネットを通じて拡散し、その影響もますます大きなものになっている。

このような状況のなか、経営者が、的確な情報を把握し、適切な処置を事前に行っていくことが従来にも増して必要になってきており、そのために内部監査の重要性がますます高まっているといえる。

従来でも、経理などには業務の監査が古くからあり、品質についても品質保証システムにおける監査や、製品品質の監査が行われている組織も存在し、これらの情報をもとに適切なアクションがとられてきた。製品品質の監査は、顧客に対して、積極的に満足してもらえる製品に仕上がっているかどうかの妥当性を監査するから、製造企業にとって不可欠なものである。しかし、こうした監査行為は監査対象部門と摩擦を引き起こしがちで、それは「診断と勧告」に近いものであった。

これとは別に、ISO規格でも内部監査が要求されている。ISO 9001規格の内部監査では、①個別製品の実現の計画への適合、②規格要求事項への適合、③組織が決めたQMS要求事項への適合、④QMSの効果的な実施・維持を目的としており、ISO 14001規格の内部監査では、❶EMSの計画に対する適合性、❷EMSの適切な実施・維持、❸監査結果の情報の経営層への提供などが求められている。

今こそ、ISO規格が求める「システムに主体を置いた内部監査」と従来の製品品質に対する監査を融合した「統合的内部監査」を行う必要がある。

(2) 統合的内部監査のポイント

統合的内部監査は、その初期では「組織のマネジメントシステムが適切

に機能しているかどうか」「どのプロセスに問題があるのか」などに主眼を置いて行われる。それも回を重ねてくれば、「事業活動と一体となった形でマネジメントシステムが運用されているかどうか」「マネジメントシステムのパフォーマンスが向上しているかどうか」「実際に、不良の削減やクレームの減少、コスト低減などが実現しているのかどうか」といったように、マネジメントシステムの有効性と効率性に主眼を置く必要がある。こうして、クレーム件数や不良件数の減少を実現していけば、品質問題を発生させない先手管理が機能して、経営品質の継続的改善に寄与しているといえる。

統合的内部監査を実施する際には、「組織の目的を実現するためにマネジメントシステムがあるべき姿に機能しているかどうか」という視点から、マネジメントシステムの弱い箇所や潜在的な問題点を顕在化する必要がある。その結果、得られた情報は、経営者にフィードバックさせるので、組織の階層によって監査の内容とその深さをコントロール（差別化）する必要がある。マネジメントシステムの有効性と継続的な改善を結び付けたうえで、内部監査のテーマを設定し、階層別に必要なアプローチを行う。

統合的内部監査を階層別のマトリックスで整理すると表3.3のようになる。

監査員の力量や評価には、内部監査のアウトプットが大きく影響するため、まず監査員個人の力量を確保してから、監査チームのレベルを上げる必要がある。

また、監査員の力量や評価が高くても、管理者層の内部監査を下位職位の監査員が行えば、形式的な監査に陥りやすいし、当該部門に対する専門知識がないと深い監査が期待できない。一方で、専門知識があっても、自己の業務に対して内部監査をする場合、客観性が問題となるので、重要な品質項目に絞り込んで実施することが求められる。

内部監査を行う前には適切な計画を策定する必要がある。その際、Q（品質）、C（コスト）、D（量、納期）、S（安全、情報セキュリティ）、E（環境）それぞれの問題点を把握してから、パフォーマンスのアウトプットが達成できているかどうかを、個別的にではなく全体的に（製品品質の監査とマ

表3.3 階層別内部監査の要素

	主な階層別内部監査項目	管理者層	現場の職長、作業者層
1	方針、目的、目標の有効性	◎	△
2	作業手順などの製品品質への有効性	△	○
3	決められている内容の実行性	○	○
4	顧客の不満足	○	○
5	製品に対する法・規制要求事項の遵守性	◎	○
6	経営資源の効率性	◎	△
7	方針、目的、目標の達成度	◎	△
8	パフォーマンス指標の全体到達目的、目標への合致性	○	△
9	マネジメントレビューの有効性	◎	△
10	再発防止、予防処置の仕組みの有効性	◎	△
	以下、記載省略		

注）◎：最も影響している、○：影響している、△：やや影響している

ネジメントシステム全体として）、アウトプットを重視して、計画を策定する。

(3) 統合的内部監査で用いる指標

アウトプットを評価するための指標については、組織の性格や実態に合った効果的で有効性のある指標を使う必要がある。例えば、以下のような事項に関する指標を使うとよい。

① 全体的な指標
- 売上、利益
- 販売台数、製品在庫台数
- クレーム費、仕損費などのFコスト
- コストダウン額
- クレーム件数

- 重要品質問題解決率
- 棚卸廃却費
② 開発・設計段階の指標
- 新製品開発件数
- 設計不良によるロスコスト
- 設計品質責任不良件数
- 設計・開発工数
- 設計変更件数
③ 製造段階の指標
- 生産高
- 労働災害件数
- 社内工程内不良件数
- 工程内手直し件数
- 製造品質責任クレーム件数
- 出荷検査不良率
- 受入検査不良率
- 納期遅延件数
④ 販売段階の指標
- 売上、利益額
- 出荷ミス件数
- 受注処理ミス件数
- 新規受注件数
- 顧客の満足度
- 受注率
- 市場クレームによるロスコスト

(4) 統合的内部監査の要素

　統合的内部監査では、インプットとアウトプットが重要である。インプットには、業界の状況（SWOT分析の結果）、組織の現状、新製品情報、

顧客のクレーム、QMS・EMSの過去の内部監査結果、リスク分析が、アウトプットには統合的内部監査の報告書や、是正処置および予防処置の報告書がかかわる。

また、統合的内部監査のインプットとアウトプットの運用状況を考えるうえで、以下の4つの要素が重要となる(図3.1)。

① 誰が監査を行うか(要員、教育訓練)：例えば、内部監査員など。

② 何を用いて行うか(設備、資材)：例えば、内部監査計画書、チェックリスト、該当法規など。

③ どのように行うか(方法、手順、テクニック)：ISOにおけるQMS・EMSの規格、内部監査手順書(監査基準、頻度、方法、監査員の選定)など。

④ 結果はどのように評価されるか：パフォーマンス評価指標など。

QMS・EMSが効果的に実施・維持されているかどうかについて評価する必要がある。この際、内部監査では管理の二面性を考慮する必要があ

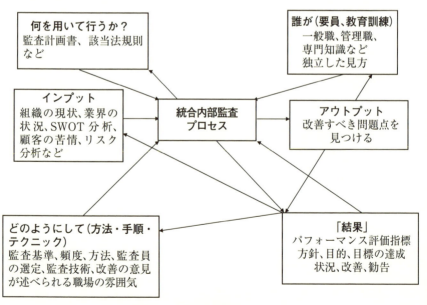

図3.1 統合内部監査タートル図

る。

　管理の一面には、「現状維持の管理」がある。例えば作業を標準化し、作業標準どおりにきちんと仕事をすることである。また、管理のもう一つの面とは、「現状打破の管理」である。ここでは、管理者に「現状を打破していく管理」が要求される。このような点を踏まえて、管理者に対して内部監査を行うときには、さまざまな視点や着眼点をもつことが鍵といえる。

(5)　統合的内部監査と経営者診断

　経営者診断のねらいは、中・長期経営計画における経営方針を計画どおり達成しているかどうかを定期的に社長自らが診断することにある。その診断項目は、品質・環境・財務・安全など事業活動そのものとなる。診断項目のなかにはQMS、EMS、ベンチマーキング、効率化など、経営方針や部門長方針などが含まれる。

　経営者は、経営上の課題・問題点や自社の製品が顧客に満足されるためのマネジメントシステムができているかどうかについて、自らリーダーシップをもって知る必要がある。そのためには、自社の強み・弱みを把握するためのSWOT分析のような手法はもちろん、パフォーマンス改善を効率よく達成できるアウトプットの活動が必要である。

第4章
製造業における先手管理を活用した品質保証体制の構築事例

4.1 品質保証体制の基礎

　Q(品質)、C(コスト)、D_1(納期)、D_2(量)、E(環境)、S(安全・安心)、M(モラール、モラル)の要素は、TQM(総合的品質管理)活動の基本である。これらの活動はISO 9001規格の考え方を取り込みながら、お互いに補完し合っているが、「方針管理」を柱としながら「継続的改善」や「顧客満足(CS：Customer Satisfaction)」を実現するためには、「科学的先手管理」にもとづいたPDCAサイクルの実行が求められる。

　本章では品質保証体制の基本を解説し、開発・設計を含めた品質保証の評価とその体系について科学的先手管理の考え方を活用した事例を述べる。

　今日、グローバリゼーションにともない、技術革新の速度は加速しており、要求される品質も多様化して、省資源の要求はますます高まっている。しかし、品質が重要なのは変わらず、今や常識的となった製造物責任(PL：Product Liability)、拡大生産者責任(EPR：Extended Producer Responsibility)の環境のなかで時代に対応した品質経営が必要とされている。日々、経営環境は変化するが、価値観や生活環境の変化などを引き起こすグローバリゼーションに対応できる品質保証の体質強化がますます重要となっている。

　資本主義社会においては、企業が適正な利潤を上げて、社会的責務を果たすことが求められており、経営とは企業の維持ないし成長に役立つ技術全般を指すものといえる。そのなかでも、品質管理は経営にとって重要な道具となっている。

　品質管理および品質保証活動は、製造工程での品質のつくり込みが最も重要とされたため、歴史的に製造部門から活動が開始されたが、1950年代後半から製造以前で発生する問題にも関心が向けられ[6]、「顧客の要求品質に合った設計品質をつくり込もう」ということから、企画・開発・設計段階における品質保証活動が重要視されるようになった。

---

6)　石川馨：『第3版　品質管理入門』、日科技連出版社、1989年、p.26

「品質がよい」といえるのは、今も昔も顧客がその製品を使ったときに満足している場合である。その状態を達成し、維持するためにはQC的な考え方にもとづいた仕組みづくりと問題解決活動が必要になってくる。

日本の製品は多くの分野で国際的に第一級の品質だと定評を得ているが、その評価に値するためには、まず組織の内部で十分な採算性をもった第一級の製品をつくり出し、そのうえで同業他社と比較して国内市場の顧客満足度評価で第一位を得ることを目標としたい。

これらを実現するため、開発・生産・販売・サービスの各分野で、品質改善や品質保証の活動を行い、顧客の信頼を勝ち取ることが重要である。

理想的には不良件数・クレーム件数をゼロとするべきであり、これをいかに現実とするのか、この目標達成を困難にしている阻害要因を排除することに挑戦しなければならない。「失敗してから慌てて対処する」という後手管理をゼロとし、先手管理に徹することができるよう成果を上げることが大切である。問題が起きる前に製造工程や市場の実態をつかむために、顧客の手元まで飛び込んで市場ニーズを先取りする必要がある。開発部門や製造工場のメンバーが顧客と密接な連携がとりやすいよう、末端の販売店とダイレクトに情報交換ができる環境を整え、素早い行動をとることが重要である。製品をつくる開発部門や製造工場が主体性をもって行動し、常に顧客の顔を思い浮かべることが重要である。

4.2 開発・設計段階における品質問題

4.2.1 新製品開発のための情報収集とその蓄積

市場のなかにある情報で特に重要なのは、品質や信頼性についてのデータの収集、競合他社の技術動向である。市場の動向が的確に把握できれば、ベンチマーキングを行い、関連部門へ適切な情報が流れるような体制が確立されていなければならない。

市場から得られるのは、単発的・断片的な情報が多いため、情報の分析

能力がないと経営の意思決定をする情報収集が十分できない場合もある。そして、十分な情報が得られ、適切な分析ができたとしても、開発・設計部門に対する要求品質などが的確に伝達されていない場合も多くある。

　また、組織の固有技術の蓄積がされず、個人的な技術としてのみ保有されていることも、一般的なケースとしては一番多い。日々の業務が個人プレーで終始している場合、担当者の技術を組織の固有技術として蓄積できるようなシステムを早急に確立しなければならない。こうした対応が求められる状態の場合、技術ノウハウが不足しているといえる。個人が過去に蓄積してきた技術は、新しい時代に対応した形で、標準類に組み込むためのルールを確立し、実際の製品の開発・生産に対する行動を管理していくことが必要である。

　新商品開発の成否は、「市場ニーズを適切に発掘して、それを具現化する能力」で決まる。この企画力を向上させるためには、新製品開発に関する固有技術と管理技術（手法）を十分活用できる能力を維持・向上させることが欠かせない。このためには、新QC七つ道具（N7）および商品企画七つ道具（P7）の活用が有効であるが、VA（Value Analysis、価値分析）・VE（Value Engineering、価値工学）といった手法も使われる。

　VA・VEでは、最初に「モノ」で基礎テストを行い、商品化を検討する段階になって試作品で再び確認テストを実施するが、このテストのステップを明確にしておくことが重要である。例えば、VAで新しい材質を採用する場合、$n=1〜2$台の台上テストの結果における合否判定の方法に問題が残っているため、VAを使ったことで品質確認が不十分でクレームが発生することもしばしばある。VAテストと開発テストを混同しないように、テストの目的を明確に位置づけして商品化を早い段階で固めてから、VAテストに移行すべきである。VA・VEは、開発段階で自信のあるものを主体的に織り込み、新たにテストが必要となるものは先行確認テストができているものに限定すべきである。また、基礎テストは専門メーカーなどで部品レベルで単体テストされていることを前提条件とすべきである。

　新製品開発の場面では、周辺にある部品や機器類の機能に対する知識不

足に起因した顧客のクレームが寄せられる場合がある。これを解決するためには、専門メーカーと連携したり、先手管理七つ道具における「S2：デザイン管理」に相当するDRやFMEA、信頼性テストを実施したりすることが重要で、何らかのシステムとして確立し、運用することが重要である。また、競合他社の製品と品質を比較する段階で適切な評価を行えずに、製品の販売後に故障・トラブルが発生して後手管理に追われてムダなコストが発生する場合もある。

いずれにせよ、商品の多様化にともない日々変化する市場の要求品質を十分に踏まえ、競合他社と適切な比較を行いながら、製品開発に必要な技術を把握すれば、開発・設計を原因とするクレームをゼロに近づけることができる。

4.2.2 設計基準・標準改善の必要性

開発・製造・販売・サービスに至る一連の企業活動のなかでは、設計標準、試験標準、製造標準、購買仕様書など、ガイドラインやそれに類する諸標準類が数多くある。これらは形だけではなく、品質向上の手助けとなり、仕事を効率化させ、品質誤差を低減させることに役立つように、定期的に見直して適切に改訂し続けることが重要である。

例えば、販売段階における顧客の要求品質に対応しきれず、新製品開発時の目標品質の設定が不備であるとき、顧客が製品をメンテナンスする際、ムダに手間がかかるような設計になっている場合もある。これはメンテナンスに関する設計基準・標準が適切に設定されていないか、その評価が不十分な場合に起こりがちであり、たいていは途中でやむなく設計を変更して、多額の開発コストをムダにする。これが製品販売以降も気づかずにいると、重大な品質問題へと発展してしまう可能性がある。顧客や販売員がメンテナンスを行う場面を想定する場合、顧客の日常を想定し、そこでのニーズを整理して、特長のある設計を行うべきである。「モノ」の取り扱い方法一つにしても、実際の使用以外にも、荷造・梱包があったり、

洗浄されたり、修理したり、一部をカスタマイズしたり、といったことが考えられる。ときには従来の想定の殻を破る必要もある。こうした十分な配慮にもとづいて、顧客や販売員に対する適切な取扱いのお願い事項を一つひとつ決めていく。

新商品の品質は、固有技術的に確立（解明）していない品質特性項目がある場合でも、「その組織がもつ技術ノウハウをいかに製品開発に投入しているのか」で決まる。そのため、設計基準・標準を定めて、それを遵守したうえで、新製品の品質を高める開発ステップを踏まえることが必要である。その方法の一つに「失敗事例集」の作成がある。これは、過去の失敗を設計の「虎の巻」としてまとめ、組織的に活用できるようにするやり方である。この「虎の巻」にもとづいて、設計出図前やテスト前にチェックを行う。このような「品質問題は設計段階で解決する」発想こそ先手管理活動でもある。

設計基準・標準類は、常に改善していき、DRやFMEAでのフォローなどに活用できる実践的な内容にすることが最も必要である。特に実用・使用条件を考慮した設定が必要であり、このために抜けのない品質機能展開を行って、一つの体系化された試験標準、試験項目、評価項目へのつながりをつけた標準類の管理システムを確立させておくことが必要である。

4.2.3 開発・設計段階における品質保証活動

(1) 設計段階における品質管理と品質保証

「いかによい品質をつくるか」という品質管理（QC）活動では、源流管理が重視されるようになり、新商品開発時の品質管理の重要性が高まって、商品企画・設計試作段階（開発段階）にウェイトが置かれるようになった。

開発段階で特に重要なことは品質を明確化し、それをどのように具現化するかである。「品質とは一体何か」「どういう品質をねらうのか」ということを明確に答えることは難しいが、それに挑戦しなければならない。このとき、開発段階で品質保証活動のやり方について新しい仕組み（管

理手法など)を導入したりといった工夫が必要になってくる。そのため、QFD、QA表、FMEA、FTA、DRといった予防的な品質保証の管理手法や固有技術を活用し、開発段階における品質保証を確かなものとする。

品質保証を達成するためには、その手段として品質の適切な評価が必要で、その結果を改善に結びつける。品質評価は顧客が評価するポイントでもあり、①性能(機能、作業性)、②信頼性・耐久性、③経済性、④取扱いやすさ・操縦性、⑤安全・安心性、⑥居住性・無公害性・環境性、⑦保守・整備性、解体のしやすさ・リサイクル性、⑧搭載性・据付性・運搬性、⑨外観、⑩遵法性・法適合性という製品のパフォーマンス能力10原則(S6)がある。これらのポイントについて、「他社に対する競争優位性がどの点で、どの程度あるのか」が重要となるが、新製品を設計した時点で、いかに他社競合品と差をつけられるかが品質経営の重要課題となる。設計品質の良し悪しが会社の業績に大きく影響したり、設計品質が失敗するとクレームを招いたりする。このように設計品質は、製造品質と同時に確かめないとうまくいかない。

こうした事情から、ISO 9001規格の監査とは別に、表4.1のような製品の品質を顧客の立場で評価する基本項目を取り込むことが必要となる。

(2) 新商品開発の基本要素

アウトプットとしての決定事項である新商品開発の基本要素(活動要素)をまとめると表4.2のとおりとなる。

ここで、新商品開発における基本ステップは、調査・企画、基本企画、開発、商品化、発売の5つのステップに大別され、それぞれにおける活動目的、命令・指示、計画書などは図4.1のとおりとなる。

新製品開発における品質を企画するための活動では、原価を重視したシステムを明確にしながら品質保証を行う必要がある。その業務の流れは図4.2のとおりとなる。

表 4.1 設計品質の評価に関する基本的な 10 項目の概要(基本形)

基本項目	定　義	具　体　例
① 性能 (機能、作業性)	性能とは、当該製品の用途・使用目的に対して発揮される肝心な"はたらき"のこと。能力、仕事の効率。	・出力、トルク、回転速度 ・建設(土工)機械の掘削力、掘削深さ、排土量
② 信頼性 耐久性	信頼性とは、「故障の起りにくさ」のこと。 耐久性とは「性能その他の特性の経時変化の度合い(時間的品質)」「構成部品の寿命」「環境・使用条件の変化に対応する性能・耐久性の変化の度合いと限界」のこと。	・MTBF、MTTF ・無解放保証時間 ・保守整備時間間隔 ・部品の整備限界・交換限界時間 ・保護装置の利用 ・水油洩・防蝕・防錆・褪色性
③ 経済性	ユーザーズコスト(ライフサイクルコスト・ランニングコストなど)の大小のこと。	・総燃料費、潤滑油費 ・補油、補水間隔 ・消耗品コスト ・保守整備コスト(メンテナンスフリーの度合い) ・下取価格(価値)
④ 取扱いやすさ 操縦性	使いやすさ、コントロールのしやすさのこと。	・始動 ・停止の難易 ・出力 ・トルク ・回転速度などの制御のやりやすさ、安定性
⑤ 安全性 安心性	安全性とは、当該製品を使用中、危険(人身事故・火災発生など)のないこと。 安心性とは、当該製品を安心して使用できること。	・回転部の安全覆 ・高温部の防護・製品の表面温度 ・取扱いミスに対するポカヨケ ・注意表示など事故予防策
⑥ 居住性 無公害性 環境性	居住性とは、使用上不快感の少ないこと。 低公害性とは、周辺第三者への迷惑の少ないこと。 環境性とは環境にやさしい製品のこと。	・振動 ・騒音レベル(全回転速度域) ・汚損 ・臭気 ・排気ガス ・煤煙 ・未燃焼ガス
⑦ 保守・整備性 解体のしやすさ リサイクル性	保守性とは、保守・点検、調整、整備などのやりやすさのこと。 解体性とは、故障発生時の修理・復旧作業のやりやすさ。 リサイクル性とは、地球環境に悪影響がないように他の性質に変換すること。	・保守点検、調整、整備所要個所の多少 ・保守点検、調整所要時間(定期) ・保守整備所要時間(定期) ・故障修理所要時間(臨時) ・部品の共通性、標準化の度合い
⑧ 搭載性 据付性 運搬性	搭載性とは、作業機への搭載・結合・据付に手間のかからないこと、取合せのよいこと。 据付性とは、搭載・結合後の騒音・振動、局部応力の発生などの少ないこと。 運搬性とは、吊上・運搬・移動・梱包・開梱などのやりやすさのこと。	・コンパクトさ(重量・容積) ・外部との結合部(カップリング・配管・配線など)の適合 ・操縦勝手 ・点検、調整、整備勝手の適合 ・許容傾斜角度 ・旧商品、競合商品との換装性
⑨ 外観	外観とは、見た感じ・手触り・塗装・配色・スタイルなどのよさのこと。	──
⑩ 遵法性 法適合性	遵法性とは、各種法規制への適合、各種規格への適合のこと。	・関連法規制、要求事項 ・労働安全衛生法 ・PL法

第4章 製造業における先手管理を活用した品質保証体制の構築事例

表 4.2 新商品開発の基本要素

基本ステップ			新商品開発の基本要素			
			品質・機能	量・時期	価格・原価	システム
新商品開発	1	調査・企画	1) 現行商品の現状・動向の調査・予測・分析 2) 競合商品の現状・動向の調査・予測・分析、相対的位置づけ 3) 現行商品・関連商品との相対的位置づけ			
			1) 商品企画のねらい 2) 市場要求品質 3) 適用市場・用途・使用条件 4) セールスポイント など開発方針・差別化計画の設定	1) 総需要予測・販売台数(終身年次)・ライフサイクル 2) 発売時期 3) 代替スケジュール などの設定	1) 希望販売価格 2) 許容原価 3) 投資枠 4) 投資回収 などの設定	1) 販売系列 2) 生産系列 3) 開発担当部門 4) 商品別開発責任者 などの設定
	2	基本計画	1) 開発目標 2) 設計基本構想 3) 企画条件具現の手順・技術・方策 4) 部品共通化計画 などの設定	1) 開発・商品化大日程 2) 試作数量 3) 実用試験時期・方法 などの設定	1) 目標原価の機能別・ブロック別の割付けとブレークダウン 2) 開発予算の設定 3) 採算性の確認	1) 生産方式・設備・型の計画 などの設定
	3	設計試作試験	1) 設計品質の作り込み ・品質表の展開 ・デザインレビュー ・市場品質にマッチした試験 2) VA/VE	1) 販売台数 2) 発売時期 などの確認	1) 目標原価達成の推進 2) 採算性の確認 3) 市場価値評価	1) 生産準備計画 2) 生産準備着手時期の調整
商品化	4	生産準備販売準備量試	1) 製造品質のつくり込み 2) 設計品質と製造品質の一致の確認	1) 生産販売計画 2) 発売時期 3) 販売量確保の戦略 などの決定	1) 目標原価達成の推進 2) 採算性の確認 3) 売価・仕切価格・管理目標原価の設定	1) 生産体制 2) 販売サービス体制 3) PR・企画 などの確立

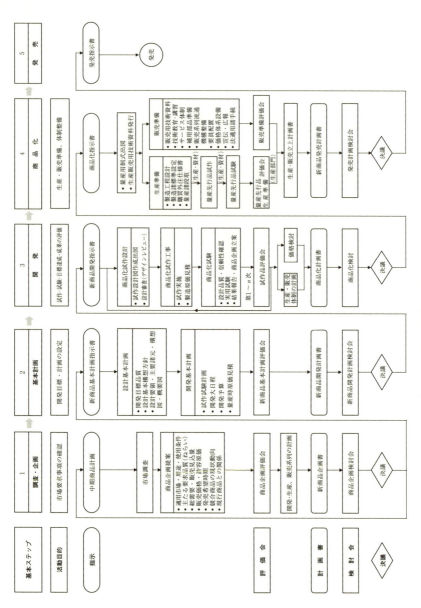

図 4.1 新商品開発の 5 つのステップ

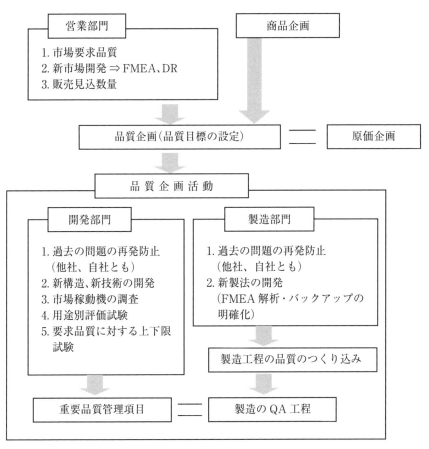

図4.2　新商品開発における品質企画活動

4.3　品質保証活動の評価とその体系

　品質保証活動には、①調査・企画、②基本計画、③設計・試作・試験・モニター販売、④生産準備、⑤販売準備、⑥製造(購買・外注)、⑦出荷検査、⑧輸送・保管、⑨販売・サービス、⑩品質監査の10ステップにおいてのそれぞれの保証事項、保証のための作業がある。これらの品質保証活動のインターフェースを明らかにして効果的にPDCA(Plan、Do、Check、Act)を回していく必要がある。全体的な品質保証体系図を図4.3に、その

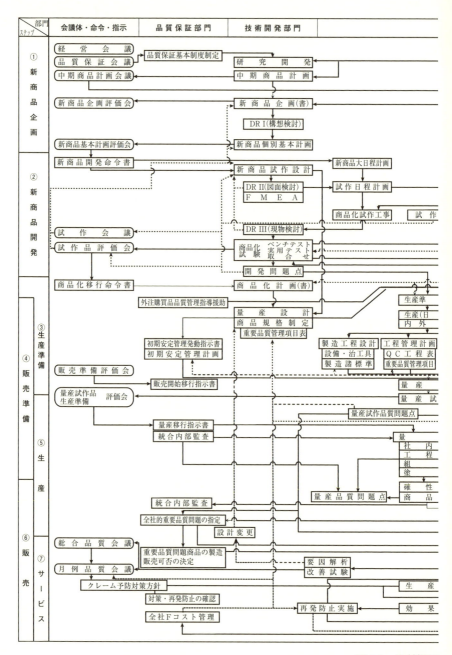

図 4.3 品質保証

第4章　製造業における先手管理を活用した品質保証体制の構築事例

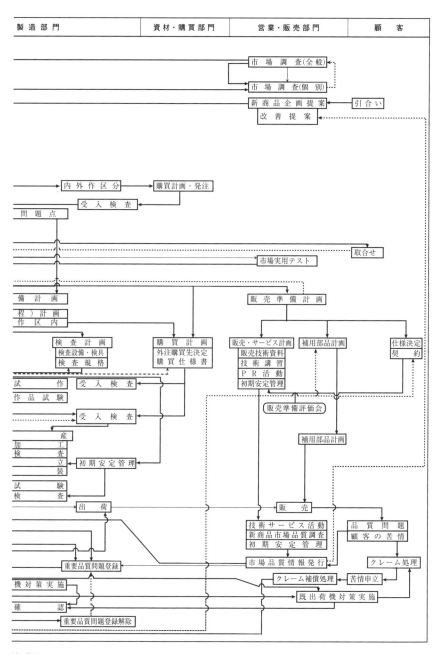

体系図

個別的な実施としての部門長年度方針の例を図 4.4 に挙げる。

2.7 節でも述べたが、各企業において、品質管理・品質保証活動の成果は、さまざまな定性的・定量的評価として管理されている。そのなかの一つとして、品質上の失敗コストが毎年どのように推移し、それが低減できているのかについて管理していく方法がある。このとき、品質上の失敗コストの定義を明確にして、管理項目を決め、管理会計制度と連動させる。

年度部門長方針

品質保証体制の確立：F コスト△△以下。
① 新商品開発ステップごとの品質保証と初期安定管理の徹底。
② 源流原因の究明による製造品質の向上。
③ 品質問題に対するクイックアクション。
④ 中期的な品質保証体制確立の推進（新規商品対応、PL 体制）。

年度品質保証部長方針

スローガン：現場・現物・図面を前にして，知恵と行動で前向きに。
— 現物のある現場へすばやく飛ぶ —

① F コストの半減。
　1) 新商品のクレーム発生件数：0（ゼロ）
　2) 重要品質問題の早期解決と再発防止
　3) 製造品質の向上
　4) 外注購買品質の向上
　5) 設計品質の向上
② 営業と工場との直結による情報の収集とクイックアクション
③ PLP（Product Liability Prevention、PL 事故予防策）体制づくりと品質意識の向上。
④ QC、QA 能力開発と人材の育成。
⑤ 部員の意識改革と活性化。

図 4.4　部門長年度方針の例

4.4 製品企画の戦略化

　他社製品・在来製品との差別性が少ないために、ライフサイクルが短く、マイナーチェンジにも耐えない新製品が、他社に追従するかのように乱発されることがあるが、これは品質保証面のみならず、採算面でも悪循環を招く可能性がある。

　次期製品を飛躍的な品質にすることで、部分的改善(マイナーチェンジ)を多く行い、さらに新規投資の少ない延命を図ることができれば、ライフサイクルを長くして、この悪循環を断ち切ることができる。そのためには、研究段階を含むポテンシャルの蓄積と、それを加速する基本路線が必要である。

　こうした基本路線のもと、長期的展望に立った販売戦略、サービス戦略、開発戦略、それぞれを一つにして、「新しい商品企画やラインアップだけでなく、どういう品質設計を指向するか」を構想して、それを戦略的に打ち出さなければならない。これは品質保証の最も源流を構成する問題である。

　この問題に対処するためには以下の対応が必要である。

① **基礎研究と製品開発の連携強化**

　品質設計の優劣が勝負となる時代に、差別性が乏しいライフサイクルの短いものしか開発できない場合、研究成果(先行技術・固有技術)が不足する。

　研究部門は、研究開発で問題を生じてから動き出すのではなく、次期製品の課題として開発部門が悩んでいる未解決の問題を研究テーマとして第一義的に取り上げ、それを解決するべきである。そのためにはモチベーション(S3)を高め研究と開発の緊密なコミュニケーションが必要である。

② **権威ある開発試験部門の独立**

　個別製品の品質問題には、開発時の試験・評価の手抜かりや固有技術の

不足がなければ予防できたと思われるものが多い。

　試験部門は、設計品質を公正に抜かりなく評価して、設計に対する良き批判勢力となり、製造部門に対しては製造品質上の助言者となり、営業・サービス部門に対しては設計品質を誤りなく伝え、正しい評価に導いて、販売上の忠告者とならなければならない。

　試験部門は設計部門の下請けとしてではなく、研究・開発と並んで試験と評価のノウハウをもつ専門家集団、つまり権威ある独立部門となる必要がある。試験部門は、今後、評価や評価自体のノウハウ(市場での使われ方、ユーザーの感じる品質、販売店・サービス店・流通の感じる品質)や信頼性テスト方法、安全やPL問題などの分野で広汎な研究を行うことが必要とされている。

③　**製造品質責任の再認識**

　市場に出ている製品の性能・信頼性・耐久性などのばらつきは製造品質であり、その全責任は製造部門にあることは当然である。設計図面どおり、公差どおりに製造しても、「製品のばらつきは製造の責任である」という考え方に立たなければ、設計時の技術水準を超えた品質まで向上させることはあり得ない。ばらつきさえなければクレームにならないような問題は、まず製造部門が取り組んで、品質管理や生産技術を駆使して解決しなければならない。

　このためには試作段階から各部の精度を管理し、工程能力を望ましい水準まで到達させる手段を講じ、ねらいの品質特性値を修整しなければならない。

　一方、設計図面どおりつくらないでも、製品のばらつきに関係がなかったり、実害のないものを見出して、コスト低減につなげなければならない。例えば、VA・VEは設計図面どおりつくらないことに発想の原点がある。同等以上の設計品質を具現する方法のなかから、最も経済的なものを選択するのは製造部門の責任かつ権限である。

　製造部門は、品質(Q)・コスト(C)・納期(D)の責任を果たさなければ

ならない。設計図面どおりつくっているからといって、品質・コストの責任を設計部門に転嫁していると、製造部門の固有技術はいつまでも育たない。これは、図面と現物の一致を軽視しているのではない。しかし、ときには量産品の図面変更も必要である。むしろ、工場長は量産品の図面を変更する責任・権限がある。

④ 設計品質のクレームは営業部門の責任であることの認識

　新製品の設計品質を評価して売価を提示し、設計品質を仕様書、カタログに書き、販売店やユーザーにそれを説明し、ユーザーの使用条件を確かめ、その製品を販売するのは営業部門である。営業部門は、設計品質を良く知らないで売ることはできないため、設計品質上のクレームは営業部門の責任で処理しなければならないとの考え方もある。

　営業部門の責任でクレームを処理するということは、単にクレーム費を負担するということだけではない。そうなった原因を追究して、例えば販売店の品質保証義務の履行を統制するとか、特別な使用条件への対応を設計部門へ求めるといった再発防止策を行う。また、設計品質が他社競合製品に比べて、それ相当の評価をしているとか、あるいは評価していないとか、市場の変化に対応できていないとかいう情報を得た場合には、その改善を設計部門に求めていかなければならない。これもリスク管理(S1)の一つである。

第5章
製造業における科学的先手管理
七つ道具の活用事例

5.1　本章で取り上げる企業

　本章で取り上げるA社は、架空の企業である。A社は、業界ではトップクラスのグローバル企業である。大勢のスタッフが従来の科学的な管理手法としてIEはもちろんQCの知識をベースに、SQC（Statistical Quality Control、統計的品質管理）やTQMを学んでおり、高いレベルにある。A社ではTQM活動を始めてから年月も経ち、雰囲気も変わっていった。その結果、TQMを超えた独自の「光物(ひかりもの)」を得て、独自のマネジメントシステムを行えるところまで進化した。このように変化できた理由については紙面の都合で述べることはできないが、本章では、A社が実践していった科学的先手管理活動を紹介する。

　4.1節でも述べたが経営の目的は「企業が適正な利潤を上げて、存続・成長し、社会的責任を果たすこと」である。常に合理化に対応しながら、グローバル化にともなう社会あるいは顧客の要求品質の多様化にも対応すべきである。本事例のA社は、そのためにできるだけ材料や部品などの「モノ」の標準化を図り、研究・開発・設計・製造・営業・サービス・一般事務など、企業活動全般についても効果的な標準化を図ってきた。

■ 標準化の推進
(1)　A社の標準化に対する取組み

　1949（昭和24）年に工業標準化法が公布され、JISマーク制度が発足し、JISマークの表示が義務化され、社内標準化や品質管理の実施が義務づけられた。A社では、この時代に「社内規格の整備が大切な仕事である」という認識が強くなった。当時でも製品の開発と生産の立上がり時は忙しく、規格を整理している暇がなかったが、それでも所定の手続きを経て、所要の規格を整備すべく努力するようになった。こうして標準化によって、労力を減らす取組みがA社でも行われるようになった。

　また、A社では個人のもつ経験・知識・技能など集大成して、マニュアル化を行ってきた。熟練作業者が定年で退職したり、設備や仕事の質が

変わり、切削・組立・仕上げなどの基本的なノウハウが消滅しつつあるなかで、A社では会社のノウハウとして伝承できる資料をまとめ、「失敗事例集」の作成と「ポカヨケ登録制度」によるフールプルーフの事例を作成することにした。

(2) 標準・規格類の作成と実行

例えば、作業標準書は、職班長が職務を確実に遂行していくための重要な手段である一方で、作業者に対する仕事の指示書でもある。そのため、職班長は、その内容、作業の安全性、作業環境などを十分確認して、作業者の遵守状態を管理する必要がある。また、作業者自身は、チェックシートやゲージ類を利用して、自らチェックし、作業の出来映えを確実に自己点検して、自分の仕事の品質を自分で保証する自覚と能力を常に高める活動が要求される。

このような製造に関連する仕様書や規格・標準などは、「あるべき製品とその構成部品・材料などの性能や品質、特性について取り決めたもの」か「製品の設計・製造・検査・試験などに関する技術的事項について取り決めたもの」の2つに大別される。そして、個々の状態や方法、手順などについてもそれぞれ基準があり、さらに分類される。例えば「性能標準」「試験標準」「計測標準」「技術用語規格」「製図規格」「標準部品規格」「設計標準」「設計計算標準」「材料規格」といった具合である。

こうした標準・規格類のうち、技術規格は技術部門が事務局となり、その立案・審査や承認・制定・改廃を行う。商品規格は設計担当部門がその制定・改訂を行う。例えば、設計図面は、開発商品の各段階に応じて試作用図面と量産用図面に区分される。工場では、計画部門が設計部門の出図を受けて必要部署に配布する。改訂図についても同様である。このようにして、常に最新版の管理がなされている。そして、設計図面を変更する必要が生じた場合は、段階に応じて設変・図変・図訂に区分したうえで、「設計図面変更規程」にもとづいて変更する。さらに、設計図面変更が決まった後は、変更内容、適用範囲、切替え時期などを明確にして、「部品

変更連絡票」で関連部門にその旨を連絡し、周知徹底させる。

　A社では、工場規格を工場の企画部門が事務局となって運営していたが、新製品生産に際して準備される規格類は、「製造作業標準書」「QC工程表」「作業指導票」「検査規格」「標準関係各種手続きの書類」など多くあった。こうした規格類を整備し、作業者にその教育・訓練を徹底し、その運営の仕方をA社では工夫していった。

(3) 戦略的管理の徹底
① 標準類の管理
　規程・規格・標準類は継続的に見直されることで活きる。そのためにも、こうした標準類を作成し管理するルールを社内規格として明確に規定する必要がある。

　A社では、規格委員会を構成して立案・審査・承認・制定・改廃などを行い、委員長は企画部門長として、委員は事業部、工場より任命した部門長がこれにあたっている。また、定期的に見直しすることをシステムに組み込んでいるので、一度つくった標準類がメンテナンスもされずに放置されることもない。

② 設備・治工具の管理
　低コストで製造品質をつくり込むため、設備・治工具を自動化・省力化することは不可欠である。A社では、生産設備を自動化した後は、全員参加でTPM(Total Productive Maintenance、総合的生産保全)を行い、設備機械の故障ゼロ(故障が原因のライン停止ゼロ)を目指して活動を行った結果、高品質・低コスト・短納期の生産活動を行えるようになった。

③ 計測管理
　計測管理は、「目標とする製造品質の基礎とすべく、適切な計測器を適切な方法で使用して、信頼できるデータを取得できるように管理すること」である。

信頼性のあるデータを取得するためには、適切な計測器の精度管理・校正を前提として、作業標準書、作業指導書、QC工程表などの社内規程で、「いつ、誰が、どのような方法で、どれくらいの頻度で、どういった種類の計測器で測定するのか」を定め、管理する必要がある。

A社の社内規程では、計測器の較正やトレーサビリティに対する要求事項について、コストがかからないやり方を上手に取り入れている。ここで、計測管理についてA社が留意している事項は以下のとおりである。
- 計測器の精度管理、トレーサビリティ
- 計測器の取扱い方法、正確な読取りと記録
- 計測作業の標準化
- 計測作業の教育訓練

④ 作業環境の管理

製品品質を確保し、快適な職場を実現するためには、作業環境の管理が大切である。その対象としては、「温度、湿度、塵埃、振動、騒音、光、風、カビ、作業員の手垢、汗など」が挙げられる。A社では日常管理として、「6S」(整理、整頓、清掃、清潔、躾、節約)を展開している。

⑤ 特殊工程の管理(プロセスの妥当性確認)

特殊工程とは「製品を破壊しないと、その品質がわからないような製品をつくる工程そのもの」をいい、例えば、「溶接、鋳造、プラスチック加工、木材加工、熱処理、塗装」といった工程である。

特殊工程は、4M(材料、機械設備、作業者、方法)を管理することで、その品質を保証する。溶接の場合、技能検定を行い合格者だけに作業を行わせる。定期的な切断検査、そして、設備を定期的にチェックするということをしながら品質確保が図られている。

A社では、特定作業者に従事する作業者に対して、認定作業者以外は、作業ができない仕組み、管理を行うことを基本にしている。

(4) 工程・検査の FMEA

　トラブルが起こる前にそれを予測して、その原因を除去することに対して、**2.3.2 項**で述べた FMEA は有効である。それは仕事の仕組みを把握して、その源流にさかのぼり、一次・二次……と体系的に原因を掘り下げ、トラブルが発生した根本的な原因を追求する方法の一つだからである。

　設計でも、製造でも、検査でも、FMEA は同じ考え方で行う。そのねらいは「工程の機能」を明確にし、各工程で発生すると予測される「故障モード」の影響を掘り下げたり、設計段階の FMEA で明らかになった故障モードに対する検知手段と実行の可能性の側面から見た故障モードの調査・検討を行うことにある。

　こうして摘出した故障モードについては、品質問題リスク判断基準にもとづいて重要度付を行い、その相乗積 RPN の高いものから対策を実施する。具体的には、工作方法・工程能力を加味して、公差・故障モードを検知した日時や検知方法などを抽出しながら、工程計画・検査計画を検討して、特に変化点管理と連携して、故障を未然に防止する（表 5.1）。

表 5.1　工程・検査の FMEA の実施事例

NO	工程名	工程の機能	故障モード	故障の影響	故障の原因	発生の可能性	厳しさ	検出の難易	RPN	最初に検出できる時点	検出の手段	検出防止の現状と進捗状況	勧告是正処置	担当部門
1	ヘッド面加工	アサと平面度確保 8MHM max 0.03	アサと平面度不良	ガス漏れ 水漏れ オイル漏れ	・砥石の選定 ・ドレッシ頻度	3	3	3	27	研削作業時	抜取検査		じ所アサ度同個のアラ限見を備 本準ラ見を備	検査

5.2 是正処置のルール化

　品質に関する問題の発見を契機として、問題が再発する可能性を取り除いたり、仮に再発してもその影響を最小限に抑えたりするといった対策までを含んで行われる対処を「是正処置」とよぶ。これは不十分な品質の製品が市場に出された結果、修理、手直し、回収・廃棄となることを前提にした考え方である。

　検査・測定や試験装置の管理において「測定プロセスが管理外れになっていると判明した場合」あるいは「検査・測定や試験装置が校正限界を超えていると判明した場合」には、適切な是正処置が必要となる。このとき、すでに完了している作業に対する影響の程度を測ったり、その再処理・再試験・再校正を行うべきかどうか、全数不合格とするべきかどうかを決めるために評価する。さらに、再発を防止するために原因の調査が必要となることもある。このときには、校正の方法、その頻度や訓練、使われた試験装置が適切かどうかの見直しが含まれている。

　このとき、以下の4点が重要となる。
　① 顧客の苦情、不適合品報告書の効果的な取扱い。
　② 製品、工程、品質システムに関する不適合の原因を調査したり、その結果を記録すること。
　③ 不適合の原因の除去に必要な是正処置を決定すること。
　④ 是正処置を行い、また、それが効果的であることを確実にするための管理の適用。

　いずれにしても、是正処置を完全なものにするため、適切な「責任の割付け」「重要性の評価」「原因の調査」「問題の解析」「予防処置」「工程管理」「不適合品の処置」「恒久的変更」についてルール化して実行しなければならない。

(1) 是正処置のポイントとシステム化

　是正処置では、「原因を除去し、それが再び発生しないよう対策をとって、確認して問題がある場合、さらに行動する」というサイクルを回して

いく。ここで大切なことは、不具合の現象を除去する応急処置ではなく、根幹的原因を除去し歯止めをかける予防対策を講じることである。A社では、このためにFTA（故障の木解析）を活用している。

(2) 品質問題の是正処置
① 工程中の問題
　A社では、製造工程中で発生した品質問題は、「重要品質問題　重要度分類基準表」により分類して登録を行い、各関連部門が協力して解決を図っている。

② 市場中の問題
　市場で発生した品質問題も、A社では、製造工程で発生した品質問題と同様に「重要品質問題管理規程」にもとづき「登録」を行う。そして、「審議」「対策事項の決定」「再発防止」「効果の確認」「登録解除」「推進責任者」を検証して確実に是正処置を行い、会社の財産として残る仕組みをつくって運営する。

5.3　製造段階の工程の管理・改善

5.3.1　方針管理の重要性

　製造企業では常に合理化、効率化を目指して活動している。A社では、材料や部品などの「モノ」の標準化を図るにあたって、企業活動全般についての効果的な標準化の改善にも取り組んだが、その際、重要となったのが「方針管理」の考え方である。
　長年、継続的改善を重視した活動として「方針管理」が実施され、多くの企業・組織で実績を上げてきた。そこでは、社長をはじめ全社員の一人ひとりが、企業・組織の体質を改善・改革し、健全な経営管理システムを

維持・発展させていく。

　方針管理を導入するにあたり、企業・組織の規模、風土を生かしながら、その企業・組織の「光物」を取り入れた仕組みを構築・推進していくことが重要である。

　本章では、その概要を1.4.3項で述べた「スパイラルアップ2段階方式」について詳述する。これは、方針管理で必要となるさまざまな活動を2つの段階に分け、それぞれの要点を押さえることで、それらの実施を容易にしようとする方法論である。

5.3.2　スパイラルアップ2段階方式：第1ステップ

　第1ステップの要点は、方針を明確にして、権限や経営資源の提供を図り、PDCAを回して管理することで、業績を向上させるような仕組みの導入を、いかに円滑に行うかである(表5.2)。A社においてはこれらの項目が実践された。

　以下、表5.2で示した12項目について解説する。

(1)　経営方針の明示

　経営者は、中・長期経営計画の一環として、経営者が Q、C、D_1、D_2、S_1、S_2、E_1、E_2、M を含む経営方針を設定し、下位へ展開する。その後は、それらを計画的に実施し、評価する。

　以下の事項がポイントとなる。

① 経営方針の設定とは、つまり機能別の「社長方針書」を作成することである。
② 経営方針の下位への展開とは、つまり、社長方針を部長方針に、部長方針を課長・担当者の実行計画へと展開することである。
③ 計画段階、実行段階で経営者はそれらを評価し、適切な指導・指示を与える。

表 5.2 第 1 ステップの要点

No.	項目	第 1 ステップで必要な行動	要　点
1	品質方針	経営方針の明示	品質方針だけでなく、Q、C、D_1、D_2、E_1、E_2、S_1、S_2、M を含む経営方針を設定し、方針を展開し実施している。
2	責任・権限	責任権限の明確化	組織構成員の目標達成体制が明確になっている。会議体、プロジェクトチーム、QCサークルの機能が発揮されている。
3	経営資源	経営資源の提供	Q、C、D_1、D_2、E_1、E_2、S_1、S_2、M に対応した設備、資源、情報が提供され、事業展開に必要な人材の質と量が確保されている。
4	マネジメントレビュー	トップの診断	経営方針の遂行状況に対するトップによる診断が実施されている。
5	工程設計	工程計画の設計	・QC工程表を整備する。 ・工程の設定は Q、C、D_1、D_2、E_1、E_2、S_1、S_2、M を配慮する。
6	工程設計	工程管理の充実と徹底	・管理図を活用する。 ・工程異常を処理するツール、初期流動管理を行う手順が整備されている。 ・設備の予防保全、5S ができている。
7	特殊工程	特殊工程の管理 ① 設備保全の徹底 ② 工程の改善 ③ 安全への配慮 ④ 環境への配慮	・Q7、N7 を活用して工程改善が行われている。現場改善活動による工程改善が進んでいる。 ・職場の安全対策が実施されている。 ・環境関連法規制を遵守する環境マネジメントが行われている。
8	購買	購買方針の明示	購買に関する方針を明確にしている。
9	下請負契約者	下請負契約者の評価・選定	評価項目は、Q だけでなく C、D_1、D_2、E_1、E_2、S_1、S_2、M を含む。
10	購買データ	購買データ管理	環境管理や安全性を含む。
11	外注	外注管理	外注管理方式が確立している。
12	購買品	①購買品の検証 ②物流・納入管理	供給者と同期化した効率的な納入管理システムが確立している。

(2) 責任・権限の明確化

　企業内の組織やチーム、担当者などの責任・権限を明確にすることで、経営方針の確実な遂行および企業目的の達成をねらいとする。以下の事項がポイントである。

　① 企業の使命、経営理念、ビジョン、経営戦略を明示する。そのやり方には、全社に掲示したり、「長期経営計画書」を立案する方法がある。

　② 全員参加、部門間連携、チームワークの徹底にもとづいた目標達成の体制の整備が必要である。そのためには、プロジェクトチーム編成表、現場改善活動の小チーム編成表などを作成したり、各部門の構成、責任・権限について「分署業務分担表」で明示したうえで、関係部署、関係者に対し、責任・権限の配分を明確化し、その実施を徹底する。

(3) 経営資源の提供

　経営方針を達成するには、適切な質・量の人材、設備、資源、情報を提供する必要がある。

　以下の事項がポイントとなる。

　① 組織は、各機能の方針を遂行するのに十分なリソースを必要な場所へ供給する。供給の状況は部署別・機能別の「人員配置表」などによって把握する。

　② 供給の状況次第では、「教育訓練実施結果評価表」などを使うことで、人材の質および企業の特性・職場風土に合わせ、人員を配置する。

(4) トップの診断

　経営者が設定した経営方針を実施し、目標を達成するには、計画段階や実施段階で、経営トップによる以下の行動が必要となる。

　① トップ診断で明確な意思を示し、リーダーシップを発揮する。

トップとの討議事項や指示事項は「社長診断会記録」(討議事項記録、社長指示事項記録)にまとめ関係者に徹底させる。
② PDCAサイクルを回し、各ステップで経営トップまたは管理責任者による評価を行う。この実施経過は「方針管理実施状況報告書」に示し、関係者に伝達する。
③ トップの指摘事項は実行計画にも反映し、方針管理システムをはじめとする経営管理システムの各システムを向上させる。この改善経過は、「社長指示事項記録」や「方針管理状況報告書」を通じて関係者に伝える。

(5) 工程計画の設計

キープロセスとなる工程について、その工程の機能分担、責任、権限を明確にする。大事なのは良品生産条件を設定するときに、5M、3H管理、5Sおよび3Tを考慮していることである。

(6) 工程管理の充実と徹底

工程管理を充実させ、それを徹底させる際のポイントは以下のとおりである。
① 初期流動管理、変更管理など、非定常状態に対するリスク管理の手順が明確に規定されているかどうか。リスクに対する予測・予防処置が徹底されているかどうか。新技術・変更技術が早急に立ち上がるかどうか。
② オンライン品質工学などが活用され、工程のサンプリング条件、制御条件がコストミニマムなものとなっている。
③ 工程データの解析に実験計画法、多変量解析、品質工学などが活用されることで、問題が解決され、独自の生産技術が蓄積されている。

(7) 特殊工程の管理
① 設備保全の徹底
設備保全を徹底するためには、以下の事項がポイントとなる。
- TPM が方針の一環に位置づけられ、組織的に実行されている。
- TPM に関する責任と権限が明確に規定され、実行された結果、設備の保全指標が改善され、高い水準に維持されている。
- 自主保全、計画保全が明確に規定され、実行されている。
- 有形・無形の効果が達成されている。設備故障の低減、設備に起因する品質不良の低減、設備停止による損失の低減、オペレータの設備知識・自主保全の能力の向上、保全専門家のレベル向上(事後保全から事前保全を重視、生産・保全部門間の連携強化)が実現している。
- 設備の信頼性解析が行われている。現実に設備の MTBF(平均故障間隔)などが行われて、信頼性が向上している。

② 工程の改善
工程の改善を徹底するためには、以下の事項がポイントとなる。
- 工程の改善が経営方針の一環として取り上げられ、実行の責任・権限が明確に規定されている。必要に応じてプロジェクトチームが編成され、計画的な行動が行われ、効果を上げている。
- 現場改善活動で、経営方針達成の一環として職制の方針に合致したテーマが取り上げられ、成果を上げている。課題達成型 QC ストーリーの取組みの割合が多くなっている。

③ 安全性への配慮
安全性への配慮は、製品が最終消費者に届くまでのすべてのプロセス、特に物流システムにおける配慮が重要であり、このための手順を定め、必要な教育も実施して、効果を上げる必要がある。

④ 環境への配慮

環境への配慮を徹底するためには、以下の事項がポイントである。
- 工程内で使用する補助材料などに対して、環境への配慮がなされている。また、環境負荷の少ない材料が選定されたり、その使用法が検討されたり、実施されている。
- 環境負荷の低減が方針に取り上げられたり、継続的に達成されている。

(8) 購買方針の明示

購買(外注)方針を徹底するには、以下の事項がポイントとなる。

① 購買活動に対する基本方針の確定

コア・テクノロジーとアウトソーシングする領域の区分を明確に方針にしておく。

② 内外作区分の方針の決定

①の基本的な考え方に沿って、具体的にどんなものを内作し、どんなものを外作するのかを決めておく。

③ 購買先の選定方針の決定

購買(下請負業者)を選定するときには、以下のような外作理由にもとづいて購買先のグループ分けを行う。
- 技術力が高い。特許をもっている。
- コストが安い。
- 生産設備がない。あるいは要員が不足している。
- 立地条件が合わない。
- 変動に対するバッファがある。
- リスクが分散できる。

④　購買先に対する関係や態度の決定

　上記③でタイプ分けされたそれぞれのグループの企業と取り引きするときには、要求事項や取決めのやり方を具体的に決めておく。

(9)　下請負契約者の評価・選定

　ISO 9001 規格では、購買先を選定するための評価項目は品質保証能力を中心とした能力を基準としているが、Q だけでなく、さらに C、D_1、D_2、S_1、S_2、E_1、E_2、M に関する評価も必要になってくる。

　ある企業と継続的に取引を行おうとするとき、実力に見合わないコストの引下げや無理した納期を設定する企業を見抜く評価力をもたなければならない。特に最近では、製品の安全性に配慮しなかったり、環境保全に無頓着な企業と長く取引していると結果的に足を引っ張られる可能性がある。

　品質に関しても、国際的な規格を積極的に取り入れ、それらの審査登録を取得している企業には、評価を簡略化するなどの処置も行うとよい。また、購買方針のもとに、調達先として海外の企業も検討対象として、その結果が適切な場合には「国際調達」を効果的に実施するとよい。

(10)　購買データの管理

　購買文書では、製品の仕様のみならず、「環境管理」や「製品安全性」にかかわる事項も要求しておく。また、単に当該の製品の仕様のみならず、「品質保証協定書」など品質保証に関する基本的事項を取り決め、契約を取り交わしておく。

(11)　外注管理

　購買先に対する管理は、自社と相手企業の規模の違い、技術力の差などが大きく影響する。外注管理に必要となる以下の項目のうち、③〜⑥は、発注側がある程度主導権をとれる場合を示している。

① 工程変更・異常の報告制度の確立
　購買先の工程変更や工程異常により、発注企業が迷惑を被ることはよくある。これを防止するためにこの制度は確立しておく必要がある。

② 再発防止対策の仕組みの確立
　購買先で発生した不具合に対して、その発生源で再発防止対策を行っていないと真の品質保証はできない。これが確実にできるような制度をしっかりと整備しておく。

③ 外注品質監査制度の確立
　第1ステップでは「購買方針」の決め方としてグループ分けしていた購買先に対して適切に対応するための仕組みについては、問題が起きる前にあらかじめ整備しておくことが重要である。

④ 無試験検査の推進
　品質向上による受入検査を省略できる品質保証体制を確立する必要がある。

⑤ 購買先の格付け・奨励制度
　(9)の「下請負契約者の評価・選定」の段階で、購買先の格付けをしたら、その結果に応じて、購買先に何かあればすぐに対応できる仕組みをつくる、信頼できる購買先には無試験検査も積極的に推進していくなど効果的な購買活動を行う。

⑥ 指導・育成
　購買(外注)方針や監査の評価結果・納入実績で購買先を格付けして、自社のメリットになると判断した場合、積極的に指導・育成をしていく。これは、これまでに説明した、「外注監査」「評価」「購買先の格付け・奨励制度」と連携した活動として実施する必要がある。

(12) 購買品の検証／物流・納入管理

企業規模に関わらずIT(情報技術)による物流・納入の管理が不可欠となった現代、自社のコンピュータシステムを有効に活用できる環境にある購買先(外注)と取引できるかどうかが企業の競争力を高めるかどうかの分かれ目でもある。

購買先からの物流納入を効率的に実施できる管理システムを構築し、そのシステムを自社の生産管理と同期させることが購買先に要求される。

5.3.3 スパイラルアップ2段階方式：第2ステップ

第2ステップでは、総合質経営の実現を目指した経営管理システムを構築し、企業環境の変化に応じた大胆な改革ができるシステムを構築する。経営トップの企業家精神や新分野・新事業に乗り出そうとする起業家精神を発揮して、全社員の士気も高くなるような経営環境を目指す。その基本はPDCAサイクルを着実に回し、実践することにある。

第2ステップで必要となる12項目については、表5.3のとおりである。以下では、表5.3で示した12項目の詳細について解説する。

(1) 経営方針の明示

経営者は顧客満足の達成を念頭に置きながら、社会貢献・地球環境の保全など企業の使命・役割を広く認識し、企業倫理の維持に留意して、経営計画を実行するときに指導力を発揮する必要がある。

例えば、A社では、以下のような活動が行われていた。

① 経営環境変化への迅速な対応のため、役員による「経営課題検討会」を開催する。
② 継続的な経営計画策定活動を実施するため、計画段階・実施段階・結果の評価段階を通じて、部課長による「経営計画策定作業会議」を開催する。
③ 「目標達成度評価システム」による方針管理を行い、その実施効

表 5.3 第 2 ステップの要点

No.	第 1 ステップ	第 2 ステップ	第 2 ステップの要点
1	経営方針の明示		経営方針は、総合質経営実現のための方針となっており、KPI が確立している。
2	責任権限の明確化		機能別管理のための役割、責任・権限が明確になっている。また、組織力の強化のために、関連企業との関係も考慮されている。
3	経営資源の提供		IT を活用できる環境が提供されている。
4	トップの診断		トップ診断では「機能別管理」についても見直しされる。
5	工程計画の設計		工程 FMEA、フールプルーフの導入、実験計画法などを活用した工程設計が行われている。
6	工程管理の計画		初期流動を行うシステムが整備され、PDCA サイクルが回っている。また、TPM が行われ効果を上げている。
7	特殊工程の管理 ① 設備保全の徹底 ② 工程の改善 ③ 安全への配慮 ④ 環境管理	① 設備保全の徹底	予防保全、TPM 活動が行われている。
		② 工程の改善	・Q7、N7 を活用して工程改善が行われている。 ・現場改善活動による工程改善が進んでいる。 ・現場改善活動が経営に役立っている。 ・プロジェクトチームが組織化され高度な手法が活用されるなどして、積極的に工程改善・改革が行われ効果を上げている。
		③ 安全への配慮	・職場の安全対策が実施されている。 ・物流面の安全対策も配慮されている。
		④ 環境管理	・環境関連法規制を遵守する環境マネジメントが行われている。 ・ISO 14001 規格に適合したレベルの環境マネジメントが行われている。
8	購買方針の明示		企業の経営方針・戦略とリンクした購買方針
9	下請負契約者の評価・選定		「技術力」を含み総合的な経営力の評価をする。
10	購買データ管理		VA・VE、コストダウン、新材料・新工法が検討されている。
11	外注管理		「品質自主保証制度」など管理のやり方がさらにレベルアップしている。
12	購買品	① 購買品の検証	基本的には第 1 ステップと同じであるが、IT の活用が進んでいる。
		② 物流・納入管理	

果を評価し、次年度の活動に反映する。このシステムは、「経営計画の数値目標達成度の評価」「各種改善活動の達成状況の把握」などを対象に、経営者や事業所長および部門長によるQC診断会や「方針管理実施状況の報告書」などで報告された情報を収集・分析するところから始める。これにより、全社的なデータベースが構築できれば数量的評価も可能である。

(2) 責任・権限の明確化

　部門間連携の円滑化を実現して、会議体の運営や委員会活動が効率的・効果的に実施できるようにするためには、方針管理システム・品質保証システムなどの経営管理システムと組織構造との整合性をとる必要がある。そのために、毎年、問題点を改善したり、新しい仕組みを設定することが求められる。ここで課題となったことを経営方針として採用し、方針管理を活用して、その達成を図る。

　複雑な経営の領域をさらに広げ、より緻密に行うためには、以下のような点で責任・権限を明確にすることが必要であり、これは第2ステップにおいて重要である。

　① 協力会社・関連会社との間で責任・権限を明確にする。
　② 機能別管理を行うとき、会議体、担当者、委員会の役割分担を明確にする。また、部門別管理を行うときも、その責任・権限を明確にする。

(3) 経営資源の提供

　経営を効率的・効果的に達成するためには、人材と設備の質・量の確保はもちろん、情報を収集・分析・活用するITが必要不可欠である。方針管理や戦略立案においてもITを活用したシステムを構築していくことが求められる。以下の点でも、経営資源としてのITの整備は必要である。

　① 情報が共有化されるため、組織運営が効率的・効果的に実施される。

② 技術、顧客、製品のデータベースが構築されるため、経営に活用できる。

③ コンピューターをさまざまな用途で利用できるため、意思決定がスピーディに行える。

(4) トップの診断

経営者自身か、経営者により決められた管理責任者による経営の計画的な見直しが、経営の総合的な質を維持・向上するために必要である。トップ診断や実施状況報告書が提出されることで、以下のように定期的な状況把握を行うことができる。

① 方針管理などの各経営管理システムの見直し(仕組みの改善)。
② 経営課題の実施状況の定期的把握(方針管理の実施状況報告書)。
③ 機能別および部門別の経営課題の見直し・改善。

(5) 工程計画の設計

「品質は工程でつくり込む」という考え方は、わが国の品質管理に飛躍的な発展を促した。効果的・効率的な「工程管理」に関する現場の知恵と技術が数多く存在する。

A社では、Q、C、D_1、D_2、E_1、E_2、S_1、S_2、Mの各要素を、いかに改善していくか、その取組みを各現場で行っている。

(6) 工程管理の計画

一般的に、製品・サービスの品質の基本は4Mで構成されるといわれているが、それは技術の変化にともなって変化してきている。管理者には、こうした4Mに収まらない要素も考えて、工程管理を計画することが求められる。

工程管理とは、組織のもつ経営資源を総合的に統制して、これらのうち品質に影響する要素を選択的・重点的に管理することで、設計したねらいの品質の製品・サービスを生み出し、据付けなどを効果的・効率的に実施

するための一連の管理活動である。

　工程管理では、品質に直接的に影響する製造、据付け、サービスの工程を明確にし、計画するが、品質に影響する工程を「管理された状態」で稼働させる必要がある。このとき「管理された状態」とは以下の項目を含む。

- 作業方法を明確にした手順書。
- 適切な設備や作業環境。
- 規格・標準などに対する適合。
- 工程パラメータや製品特性の監視と管理。
- 工程や設備の管理。
- 作業のできばえの基準。
- 設備の適切な保全。
- 工程作業、設備および要員の認定に関する要求事項の規定、認定された工程設備および要因に関する記録。
- 原材料の調達・受入れ、保管、工程内における検査。
- 不適合管理、是正処置、予防処置の適切な実施。

　また、事後の検査などでは、作業のできばえが評価できないような作業に対する作業者の認定、工程の連続監視および管理を行う。

　以上のように、工程管理では、「決める」「守る」「記録する」ことが基本となるため、それらを確実に実行し、維持・管理することが重要である。

　工程管理のためには、QC工程表の活用も重要である。QC工程表は多くの組織で作成されているが、主要な製品に対する品質計画書として作成されるのがふつうである。QC工程表は主要な製品の製造、据付け、サービスのプロセスに対して作成され、工程の管理・改善に活用される。このとき、以下の事項を実行することが重要である。

- QC工程表の管理項目のなかで重み付けが行われ、どの要素が重要であるかを識別する。
- 重み付けの規準が明確で、実際のデータの解析、リスク解析などに適切に反映されている。

- 特に重要な要素に対し、管理図などによる重点管理が明確に規定されている。また、過去にトラブルのあった要素が明示されている。
- 内部品質監査などシステムの見直しにおいて、有効に活用されている。
- 定期的に見直しされ、関連する作業条件の変更、標準の改訂などが、速やかに反映されている。

また、工程管理においては、管理図を有効的に活用することも重要であり、以下の点がポイントとなる。

- 主要な工程において、管理図を作成することが手順化されている。
- 作成手順が有効的に活用されている。つまり、群の構成が適切で、群内・群間の異常が感度良く検出されるような管理図が作成できている。
- サンプリングの間隔が適切で、ロットの変化に対応している。
- 常にモニターされていて、異常が発生したときにその原因の追求が行われ、是正されている。
- 必要により、管理図に要因系の情報が記入されて、点の動きと要因の変化が比較対照できるようになっている。
- 作業者が、管理図の見方を教育されていて、異常を見逃していない（特に点の並び方の異常）。

工程管理では、さらに品質データの解析と活用も重要となる。これによって、工程内の品質データが蓄積されると同時に、適切に解析されることで、工程能力の把握、異常の予知・予防などに活用される。以下がそのポイントである。

- 主要な品質特性に対し、ヒストグラムなどが作成され、分布の形状が正規分布に近く、中心位置やばらつきの大きさが把握されており、設計のねらいに合致している。
- ばらつきが群内、群間に分解され、それらの低減が達成されている。
- 工程能力指数が少なくとも 1.33 以上、できれば 1.67 以上を達成し、

効率を落とすような必要以上の品質レベルになっていない。
- これらに関する手順が文書化され、教育されている。

(7) 特殊工程の管理

① 設備保全の徹底

設備管理に関して、工程能力を維持するための適切な管理を行い、予防保全の考え方を取り入れる。

以下がそのポイントである。

- 重要設備に対して重点管理ポイント、点検間隔、目標値、年度保全計画などが設定され、実行されている。
- 設備の実績をデータとして把握し、結果的に設備の故障率、チョコ停率などの指標が改善している。
- 日常的に設備の環境が適切に維持され、5Sが行き届いている。故障など設備に起因する品質問題が把握され、その原因が究明されて、設備の改善・不良の低減に結びついている。

② 工程の改善

基本的に工程管理を改善することは、企業が体質を強化し競争力を身につけるために必須の事項である。第2ステップでは以下の活動により改善を進める。

- 人の育成:問題を解決する方法論を確立し、QC的アプローチを定着させ、このためのツール、教育をシステム化する。
- 高度な手法の活用:QC七つ道具、新QC七つ道具レベルのQC手法を日常的に活用させる。
- 効果:手法を活用させ、不良率、歩留まりなどの指標を改善させる。
- 現場改善活動の小チームの活性化と効果の達成:現場改善活動の小チームを活発に活動させ、有形(問題の解決、課題の達成など)、無形(従業員の問題解決力向上、職場の明るさなど)の効果を出す。

③ 安全への配慮

　安全を維持することは、企業の社会的責任にとって必須となる管理項目であり、従業員満足の基本事項でもある。第2ステップでは以下の事項を実施する。

- 工程の安全性を分析して、潜在的な不安全要素が除去されたうえで、フェイルセーフ・フールプルーフにもとづいた管理が行き届いている。
- 従業員に対し、KYT（危険予知訓練）など安全に関する教育、訓練が手順化されて、計画的に実行されている。
- 大きい事故が発生していないだけでなく、小さい事故の発生も減少している。また、安全に関する指標が改善され、良い水準に維持されている。
- ヒヤリハット活動を品質に対して活用している。

　ヒヤリハットとは、「ヒヤリとかハットしたできごとのなかで、事故にまでは至らないもの」を指す。このようなヒヤリハットをなくすための活動がヒヤリハット活動（運動）である。経験則であるハインリッヒ（H. W. Heinrich）の法則によれば、1件の死亡・重傷災害が発生したとすれば、それと同じ原因で29件の軽傷災害を起こし、同じ性質の無傷害事故を300件伴っているとされる。この300件がヒヤリハット事例ということになる。言い換えると300件のヒヤリハットは1件の重傷災害、29件の軽傷災害発生の可能性があるということになる。ヒヤリハット活動は、この300件のヒヤリハット事例をなくすことで、障害や事故を防止しようとするものである。

④ 環境管理

　職場環境・廃棄管理・法的規制への対応は、安全と同様に企業が負うべき社会的責任であり、同様に従業員満足の基本事項でもある。法規、条例、自治体との約束事項などの規定を遵守するための手順、責任・権限が明確に規定されているA社では、そのとおりに実行されている。

(8) 購買方針の明示

購買とは、「経営上、必要な物品やサービスを当該企業の外部から対価を支払って調達すること」である。購買部門は第2の製造部門といわれるくらい企業活動のなかで重要な機能を担っている。経営に大きく貢献する購買機能へと発展させるためには、購買方針を明確に示し、その方針に沿って外部の企業の力をうまく活用することで、自社の競争力の強化へと結びつけていくシステムを構築することが必要である。

購買には、市場に一般に流通しているものを調達する場合と、指定した仕様で製作や組付けを依頼する場合がある。このとき、以下の手順が文書化されていることが重要である。

- 下請負契約者の評価と選定。
- 下請負契約者に対する管理の方式と範囲。
- 購買文書に記述するデータの内容とその承認。
- 購買品の下請負契約者先での検証。

重要なのは、「信頼できる下請負業者を選び、発注にあたっては発注品目の仕様を文書で確実にしておく」ことである。顧客と契約している製品・サービスの要求事項を満足させるため、ミスの発生しないシステムを確立しなければならない。

購買活動では、経営効率や将来の準備に対する配慮はあまり行われていないが、利益に対する貢献や競争力の強化を考えると、企業への影響は大きい。社内で要求されるQ、C、D_1、D_2、S_1、S_2、E_1、E_2、Mなどの各要素が購買活動にも同様に要求されるべきで、これは購買先の能力を育成することでも同じである。このような購買活動を実現するシステムを構築することがTQM活動に対する基本的な姿勢である。

さらに、購買活動では以下のような事項に注意する。

- 購買方針の策定。
- 外注管理の充実。
- 外注先の指導・育成、外注先との共同開発。
- 物流・納入管理。

(9) 下請負契約者の評価・選定

　基本的に第1ステップと大きく変わらないが、製造委託先、外注業者は、基本的なQCDを満たし、品質を保証できる能力をもつことはもちろん、固有技術、高度な技術開発力をその分野でもつことが必要である。また、ISOの認証を受けたり、さらにデミング賞を受賞したりするなどそのレベルを保持することも必要である。

(10) 購買データ管理

　基本的に第1ステップと大きく変わらないが、新工法、新材料、新素材、新材質、VA・VEなどを活用して、品質の向上とコストダウンを毎年実行することが必要である。また、製品別に層別するなど時系列順でQCDのデータが管理され、問題が解決されていくことが必要となる。

(11) 外注管理

　基本的に第1ステップと大きく変わらないが、QCDを満足させたうえで、VA・VEによるコストダウンを毎年行って、実績を上げることが必要である。また、品質自主保証制度などにより受入検査が省略できるような管理レベルにアップすることも必要である。これはグローバル企業として評価を受けるために必要な体制である。

(12) 購買品の検証、物流・納入管理

　基本的に第1ステップと大きく変わらないが、ムダの排除を徹底し、JIT(Just In Time)方式の採用により在庫が極限まで圧縮されるようにする。物流の問題点が顕在化されており、物流コストは常に見直しして、その低減活動が行われている状態にする。また、「輸送中の事故、クレームがゼロであること」「棚卸廃却、余剰在庫、滞留在庫などの管理が見える化が行われていること」が必要である。

5.4 SE7にもとづく事例

これまで述べてきた事例と先手管理七つ道具の表5.4を以下に示す。表5.4では「◎：最も関連している」「○：複合的、交互作用的に関連している」としており、単一あるいは複数手法の組合せによる有効活用が示されているといえる。

① 4.1節「品質保証体制の基礎」とSE7との関係性

市場の要求品質を的確に把握し、それを具現化して商品企画を行うことで、その後の設計、開発、試作、試験、量産試作、量産、プレサービス、アフターサービスの過程において、消費者(顧客)の満足を得ることができる。顧客も、組織(会社)も、それぞれWin-Winの関係になることこそ、広義のTQMが目指している目的である。

このような活動では、S1(リスク管理)の方針管理や日常管理、あるいは企画、設計、財務、購買などの機能別管理が適切に機能する。また、S2(デザイン管理)、S3(モチベーション)、S4(リーダーシップ)、S5(製品のパフォーマンス能力10原則)、S6(効率性)、S7(課題解決7原則)すべてが、品質保証体制(QA体制)を確立するための基本と関係が深い。「品質保証

表5.4　SE7の現場改善における有効活用と品質保証との関係性

本書の節番号	S1	S2	S3	S4	S5	S6	S7
4.1	○	○	○	○	○	○	○
4.2	◎	◎	○	○	◎	○	○
4.3	○	○	○	○	○	○	○
4.4	○	○	○	○	◎	◎	◎
5.1	◎	◎	○	○	○	○	○
5.2	○	○	○	○	○	○	○
5.3	◎	◎	◎	◎	◎	◎	◎

は、顧客に対して行っていること」「誰が顧客なのか」を常に明確にすることで、現場の作業員、リーダー、課長、部長、取締役、社長など、組織の階層別に、その役割・分担が明確になり、組織は問題なく動く。そのためには PDCA を迅速に廻すことが必要である。

② 4.2 節「開発・設計段階における品質問題」との関係性

S1 の方針管理、機能別管理を基本として、S2(デザイン管理)、S5(製品のパフォーマンス能力 10 原則)が主役となる。もちろん、S3、S4、S6、S7 も交互作用的に関連しており、無意識のうちにそれらは機能している。

③ 4.3 節「品質保証活動の評価とその体系」との関係性

主役は S5、S6、S7 である。当然 S1、S2、S3、S4 も交互作用的に働いている。

④ 4.4 節「製品企画の戦略化」との関係性

主役は S5、S6、S7 である。さらに S1、S2、S3、S4 も複合的に、交互作用的に働いている。

⑤ 5.1 節「本章で取り上げる企業」との関係性

主役は S1、S2、S4、S6 である。特に S4 のリーダーシップは最も機能している。さらに S3、S5、S7 も複合的に、交互作用的に働いている。

⑥ 5.2 節「是正処置のルール化」との関係性

主役は S2、S6、S7 である。S1、S3、S4、S5 も複合的に、交互作用的に働いている。

⑦ 5.3 節「製造段階の工程の管理・改善」との関連性

S1、S2、S3、S4、S5、S6、S7 すべてが主役である。特に S2 は企画段階・設計段階の手法を念頭に開発された経緯があるものの、実際には製造

段階の現場で活用することで組織全体がレベルアップするのである。設計部門、製造部門、営業部門の3部門は、常に組織内部でそれぞれの利益を主張するが、その背景では目に見えない力が働いている。世界的な市場がそのときどう動くかによって、組織で努力を怠らない部門が「光物」をつくりあげていき、それがノウハウになって受け継がれる。競争に生き残り、発展していく組織は、社員一人ひとりのモラル（moral）・モラール（morale）が守られており、S3（モチベーション）が最も重要な要素であることを認識している。こういった要素の一部でも崩れると、それを取り戻すのには大変な労力が必要になる。

品質管理は「人質管理」ともいわれ、「品質管理は教育にはじまり教育で終わる」という格言もある。今後、組織運営のためのさまざまな仕組み、マネジメントの規格や考え方が開発されても、それを使うのは人間である。人間の複雑な行動のベクトルを合わせ、望むように組織を運営するためには、結局、組織に属する各個人が、それぞれの自己責任で正しい誠意ある行動をすることが基本となる。

本書で紹介したさまざまな手法や考え方はもちろんだが、他に便利な手法や考え方があったとしても、それらはあくまでこうした基本を補うだけで、その代わりにはならないのである。

第6章
次世代のものづくりに向けて

6.1 中小企業における新価値創出としての新TQMとISOの融合

6.1.1 新TQM

日本品質管理学会(JSQC)によるTQMの定義は「TQMは品質／質を中核に、顧客及び社会のニーズを満たす製品・サービスの提供と、働く人々の満足を通した組織の長期的な成功を目的とし、プロセス及びシステムの維持向上・改善・革新を全部門・全階層の参加を得て様々な手法を駆使して行うことで、経営環境に適した効果的・効率的な組織運営を実現する方法」となっている。この実現のためには多様な手法が普及していくことが重要であるとされているが、TQMは有用だといわれているにも関わらずあまり普及していない。

個々の組織を見れば、その仕組みやマネジメント、製品など競合他社に比較して優位な光物がある。さらに、「ハードウェア」「要素技術」「勘と経験と度胸(KKD)」に知識(knowledge)、データ(data)、やる気(drive)、仕組み(system)を加え、5MET(作業者、機械・設備、原料・材料、方法、測定、環境、時間)を中心とした全員参加、5S、5なぜ、3H管理、変化点管理を行い、コンプライアンスやコミュニケーションなどの要素に注意することで、環境の変化に適した効率的な経営を行うことができる。このように長期的な目的を達成するマネジメントが強く求められている。

6.1.2 ISO再考

社会に大きな影響を与えるような品質事故、不祥事が発生した事例では、ほとんどISO認証を取得しているため、ISO認証に対する信頼が低下している。この原因は、認証機関、コンサルタント、審査員など関係者が本気で反省していないことにあるのではないだろうか。

また、多くの組織ではISOのためのISOになっている。現場では

「ISOはやらされている」という感もある。共通の問題意識、目的意識が共有化されていない。企業経営と遊離した形で使用されていることに原因がある。これを断ち切るには審査のためのISOから組織の業績向上に役に立つISOにすることが必要である。

ISO規格の特徴は、基本となる枠組みを与え、具体的な部分については各々の企業・組織が独自の取組みを行うことを強く奨励している点である。これまでの実績があるTQMを深化してISO規格との融合を図り、戦略的にSE7を活用した課題・問題解決が必要である。

今、自分の組織にとって「何を重点にマネジメントを考えることが大切なのか」を考え、全従業員の参画を得ながら活動を推進していくことが必要である。

6.2　科学的先手管理(SE7)のさらなる発展

昔から物事を見るときには「3つの視点」が必要であるといわれる。

1つ目は高い場所から広範囲に見渡して全体感をつかむ「鳥の目」であり、2つ目は「現地現物」から詳細をじっくりと観察する「虫の目」であり、3つ目は世の中の流れを読む「魚の目」である。これらの視点を組み合わせることによって、効率的に最後までやりきるロバストな人財が求められている。

設計・開発、製造、営業、サービスなどでもいえることだが、「鳥の目」で全体構想・ビジョンを明確にし、感動する枠組みをしっかりとつくり、進むべくベクトルを関係者全員で共有化、見える化する。そして、「虫の目」で現実を直視し、課題・問題点を顕在化し、ビジョンの実現に向けて一歩ずつ行動する。そして「魚の目」で、社会、環境、経済などの変化を敏感に感じて行動するSE7のマネジメントの実行が必要である。

多様化する顧客のニーズ、複雑化する製品・サービスのライフサイクル、基本技術の進化・発展にともない、複数の基本技術を組み合わせた製品・サービスの実現をスピーディに、問題が発生する前に提供するマネジ

メントが求められている。

　これまでに発生した過去の問題点の原因を本気で反省して、同種・同類の問題が２度と発生しないように製品設計、プロセス設計、作業計画などの段階でこれらを反映する仕組みを確立することが必要である。これを実現できるのは、全従業員がその活動に参画することによってである。失敗の原因は業務のなかに数多くあるからである。そのなかのリスクの大きいものを確実に押さえ込まないと、事故や不祥事を防ぐことができないため、FMEAやリスクアセスメントを地道に行わない場合、重大な失敗を防止できない。

　営業、開発、製造などのあらゆる部門の人々を巻き込み、それぞれの人が類似原因に関するリストをもって自分の担当している業務に潜んでいるリスクを洗い出す活動を展開することが必要であるし、また、トップや管理者の意識を変えることも大切である。

　そこで重要となるのがコミュニケーションである。個人間、組織間のコミュニケーションを通じて新たなヒントを見つけ、それぞれの組織の実態、経営環境に合った有効なマネジメントシステムをつくり上げることが必要である。

　脳科学者のDavid Eaglemanは「記憶が詳細なほど、その瞬間は長く感じられる。しかし、周りの世界が見慣れたものになってくると、脳がとりこむ情報量は少なくて済み、時間が速く過ぎ去っていくように感じられる」と言っている。自分の時間を有効に使うために、時の流れを遅くする工夫をする必要があるが、そのために五つの方策が提案されている。

　① 学び続ける。新しい経験が得られて、時間感覚が緩やかになる。
　② 新しい場所を訪ねる。定期的に新しい環境に脳をさらす。
　③ 新しい人に会う。他人とのコミュニケーションは脳を刺激する。
　④ 新しいことを始める。新しい活動に挑戦する。
　⑤ 感動を多くする。

　SE7は、すべての手法を使う必要はない。組織で弱いところ、できていないところを抜き出して必要最小限に活用されることが望まれる。特に

社内のコミュニケーションがうまくいかないときは、それを重点的に活用すればよいし、方針管理が苦手であればそこを磨けばよい。

6.3　SE7の多様性

6.3.1　顧客の声を品質に反映させる品質展開表

　科学的先手管理七つ道具にも挙げられたQFDは、品質展開と業務機能展開の総称である。品質展開とは「ユーザーの要求を代用特性（品質特性）に変換し、完成品の設計品質を定め、これを各種機能部品の品質、さらに個々の部分の品質や工程の要素に至るまで、これらの関係を系統的に展開していくこと」であり、業務機能展開とは、「品質を形成する職能ないし業務を系統的にステップ別に細部に展開していくこと」である。他にも、「要求品質展開表」「品質特性展開表」「品質表」「顧客の生の声」「企画品質」「設計品質」のようなものがある。本書ではその解説を割愛したが、成書により理解を深め、先手管理を行うときに活用してほしい。

6.3.2　ベンチマーキング

　ベンチマーキングとは、「一般用語としては目標値を立てて実績と比較したり、自社と他社をある指標で比較する」というように、広く「比較する」という意味で使われている。狭い意味としては「自社の業績向上のための課題を抽出し、自社の活動を洗い直し、それらの活動を最良に実行している他社を見つけ出すとともに、そこから学習したことを自社の改善に適用していくプロセス」を指す。これはSE7に共通して活用可能なアプローチであり、これを駆使したSE7の利用が期待される。

　ベンチマーキングは米国生まれではあるが、日本のTQMを手本としており、優れた他者に学ぶという新規性を付け加えているところに特徴がある。

6.4 これからのグローバルな質マネジメントと温故知新

　品質保証を取り巻く内外の環境とともに、技術・品質も大きく変化しなければならない。TQM、PL、ISO、CS、CE マーキング、シックスシグマ、SE7 などを有機的に融合し調和させ、この変化に対しては、的確に、コストミニマムで、効率的に対応できる「新しいマネジメントの標準化」の再構築が必要である。また、今日グローバルな企業経営のもとでの質マネジメントが求められており、各地域の特性を考慮したマネジメントが求められている。

　組織の身の丈にあった仕組み、人財育成のあり方、KPI の見える化の実行、基本的なことを体で覚え込む個人的な習慣を日々行っていくことで、失敗やクレームから学び、組織的な能力や体力をつけることができる。

　QC のねらいは「顧客の要求を的確に把握したうえで、顧客志向に徹し、ねらいとできばえの良い製品のつくり込みを効率的に行う活動」になる。そのためには、以下の事項が必要である。

① できばえの良い製品をつくり、販売するために、製造部門における一貫した品質保証システムを充実させること。
② 経営成果を向上し続けることのできる体質改善を図るために、仕事のやり方、進め方について反省し、その仕組みを充実させること。
③ 管理・改善活動を効果的に行うために、固有技術に合わせて QC 手法を積極的に活用すること。

　SE7 は、品質問題を発生させないように、事前対策の戦略・戦術の指針となる手法として考案されたが、研究の途中で「科学的」の文言が加わった。その理由は「まえがき」で述べたとおりである。

　本書では実践事例も示したが、今後さらに中小企業での実践事例を蓄積して、より中小企業のマネジメントとしてふさわしい「新 SE7」を検討していきたい。

参考文献

[1] Armand V. Feigenbaum、Donald S.Feigenbaum 著、近藤良夫 監訳:『経営資本の力』、日本規格協会、2004 年
[2] A. V. Feigenbaum : *Total Quality Control*, McGraw-Hill, 1991
[3] J. M. ジュラン 著、石川 馨、神尾沖蔵、水野 滋 監修、東洋レーヨン 訳:『品質管理のための統計手法』、日本科学技術連盟、1967 年
[4] Kaneko K., Nakashima K. and Nose T. : Integration of ISO 9000S and TQM-Strategic proactive management by means of ISO 9000S, *An International Journal Asia Pacific Management Review*, Vol. 10, No.2, pp.113 ~ 123, 2005
[5] ISO 編著、久米 均・中條武志 共訳:『中小企業のための ISO 9000』、日本規格協会、1997 年
[6] P. F. ドラッカー 著、上田惇生 編訳:『マネジメント ― 基本と原則 ― 』、ダイヤモンド社、2001 年
[7] 青木保彦・三田昌弘・安藤 紫:『シックスシグマ』、ダイヤモンド社、1998 年
[8] 朝香鐵一:『経営革新と TQC』、日本規格協会、1991 年
[9] 東谷 暁:『グローバルスタンダードの罠』、日刊工業新聞社、1998 年
[10] 天野益夫:『TQC による経営革新への挑戦』、日科技連出版社、1993 年
[11] アンドレア・ガボール 著、鈴木主税 訳:『デミングで甦ったアメリカ企業』、草思社、1994 年
[12] 飯塚悦功 編著、TQM 9000 研究会 編:『TQM 9000 ― ISO 9000 と TQM の融合』、日科技連出版社、1999 年
[13] 飯塚悦功:『現代品質管理総論』、朝倉書店、2009 年
[14] 池澤辰夫:『品質管理べからず集』、日科技連出版社、1981 年
[15] 石川 馨:『第 3 版 品質管理入門』、日科技連出版社、1989 年
[16] 梅田政夫:『受注生産の品質管理』、日科技連出版社、1975 年
[17] 梅田政夫:『品質保証の実際』、日科技連出版社、1989 年
[18] 梶原武久:『品質コストの管理会計』、中央経済社、2008 年
[19] 金子浩一・中島健一・能勢豊一:「TQM と ISO、SE7 の俯瞰的融合による DRM(ダイナミックロバストマネジメント)の体系化研究(第 3 報)」、『日本品質管理学会 第 107 回研究発表会 発表要旨集』、日本品質管理学会、2015 年
[20] 唐津 一:『日本経済の底力』、日本経済新聞社、1997 年
[21] 関西電子工業振興センター信頼性分科会 編:『故障をゼロにする信頼性技術』、日科技連出版社、1990 年
[22] 木村英紀:『ものつくり敗戦』、日本経済新聞出版社、2009 年

[23] 久米　均：『品質による経営』、日科技連出版社、1993 年
[24] 久米　均：『品質管理を考える』、日本規格協会、1999 年
[25] 久米　均：『品質月間テキスト No.409　石川馨　品質管理とは』、品質月間委員会、2015 年
[26] 木暮正夫：『日本の TQC』、日科技連出版社、1988 年
[27] 古畑友三：『5 ゲン主義』、日科技連出版社、1989 年
[28] 近藤良夫：『品質とモチベーション』、エディトリアルハウス、2009 年
[29] 鈴木和幸：『未然防止の原理とそのシステム』、日科技連出版社、2004 年
[30] 武田修三郎：『デミングの組織論』、東洋経済新報社、2002 年
[31] 田村隆善、大野勝久、中島健一、小島貢利 著：『生産管理システム』、朝倉書店、2012 年
[32] 刀根薫：『経営効率性の測定と改善』、日科技連出版社、1993 年
[33] 徳丸壮也：『日本的経営の興亡』、ダイヤモンド社、1999 年
[34] 中條武志、山田　秀 編著、日本品質管理学会標準委員会 編『マネジメントシステムの審査・評価に携わる人のための TQM の基本』、日科技連出版社、2006 年
[35] 西堀榮三郎：『石橋を叩けば渡れない［新版］』、生産性出版、1999 年
[36] 西堀榮三郎：『西堀流新製品開発』、日本規格協会、2003 年
[37] 日科技連問題解決研究部会 編：『TQM における問題解決法』、日科技連出版社、2008 年
[38] 日本経営工学会 編：『ものづくりに役立つ経営工学の事典』、朝倉書店、2014 年
[39] 日本品質管理学会：「TQM を支える支援技術」、『品質』、vol.32、No.3、pp4-69、2002 年
[40] 畑村洋太郎：『失敗学の法則』、文藝春秋、2005 年
[41] 畑村洋太郎：『失敗学のすすめ』、講談社、2005 年
[42] 八巻直一：『日本的マネジメントの感性』、静岡学術出版、2011 年
[43] ブライアン・L・ジョイナー 著、狩野紀昭 監訳、安藤之裕 訳：『第 4 世代の品質経営』、日科技連出版社、1995 年
[44] 細谷克也：『QC 的ものの見方・考え方』、日科技連出版社、1984 年
[45] 松本　隆、モチベーション研究会 編：『品質月間テキスト No.324 「西堀かるた」に学ぶ品質管理の基本』、品質月間委員会、2003 年
[46] 矢野　宏：『改訂版　おはなし品質工学』、日本規格協会、2001 年
[47] 山本昌吾ほか 編：『品質工学講座 2　製造段階の品質工学』、日本規格協会、1989 年
[48] 吉村達彦：『トヨタ式未然防止手法 GD^3』、日科技連出版社、2002 年

索　引

[英数字]

3H	20
3H 管理	4, 37
4M (Man, Machine, Material, Method)	22, 73, 88
4 モレ	37
5M	22, 40
5MET	24, 36, 100
5S	37, 40
3T	37, 100
5W2H	26
5 なぜ	20
——の法則	19
6S	73
A(Appraisal)	28
C	6
CS	52
D_1	6
D_2	6
data	100
DR(Design Review)	19, 55, 56, 57
drive	100
E_1	6
E_2	6
EMS	9, 44
Environment	36
EPR	52
F(Failure)	28
Failure Cost	28
FMEA (Failure Mode and Effects Analysis)	8, 19, 55, 56, 57, 74
FTA(Fault Tree Analysis)	8, 57, 76
F コスト	28
IE	70
IoT(Internet of Things)	6
ISO 14001	2, 44
ISO 9001	2, 44
IT(Information Technology)	84, 87
JIT 方式	94
KKD	100
knowledge	100
KPI (Key Performance Indicators)	6, 13
M	6
M2M(Machine to Machine)	6
Machine	36
Man	36
Material	36
Measurement	36
Method	36
MS(Management System)	2, 12, 13
MTBF (Mean Time Between Failure)	13
MTTF(Mean Time To Failure)	13
N7	54
OJT	19
P(Prevention)	28
P7	54
PDCA	16
——サイクル	6, 9, 23, 52, 80
PL(Product Liability)	52, 104
ppm(parts per million)	29

Q	6
QA 表	57
QC 検定	38
QC 工程表	2, 37, 89
——を活用	21
QC サークル活動	81
QC 手法	23
QC 七つ道具	2
QFD（Quality Function Deployment）	8, 57
QMS（Quality Management System）	8, 9, 44
RPN（Risk Priority Number）	15, 19, 41, 74
S_1	6
S_2	6
SE7	8, 20, 34, 36, 37, 101
SQC（Statistical Quality Control）	70
SWOT 分析	9, 47, 49
system	100
Time	36
TPM（Total Productive Maintenance）	72, 81
TQM（Total Quality Management）	2, 52, 70
——の定義	100
VA（Value Analysis）	54
VE（Value Engineering）	54

[あ行]

アウトプット	49
アクティブ・マネジメント	6
安全	6
暗黙知	12

[か行]

階層別リスク	14
科学的先手管理	2, 5, 20, 34, 52
——七つ道具	8, 12, 13, 36
課題解決 7 原則	29
課題解決 7 つのステップ	30
価値工学	54
考え方	24
環境	2, 5, 36
勘と経験と度胸	100
管理力	22
機械・設備	36
企画品質	103
危険優先数	19
技術ノウハウ	17
機能別管理	9, 15, 16, 17
キャッチボール	16, 34, 36
——こだま方式	34, 35, 36
教育	6
クレーム	16
——費	29
——費用	29
グローバリゼーション	52
経営者診断	49
計画性	24
形式知	12
継続的改善	52
結果系	34
検査重点主義	4
現状維持の管理	49
現状打破	15
——の管理	49
現場改善活動	24, 25, 38
現場力	22
原料・材料	36
工程解析	7
工程改善	7
工程管理	7
——重点主義	4

工程設計	7
工程戦略	7
購買仕様書	55
効率化	49
効率性	28
顧客の生の声	103
顧客満足	52
故障の木解析	76
故障率	13
コスト	5
後手管理	2
コミュニケーション	36
御用聞き	36, 38
コントロール	45
コンプライアンス	7

[さ行]

採算性	18
最初の故障までの平均時間	13
魚の目	101
作業者	36
作業標準	22
――書	2
差別化	45
時間	36
仕組み	100
試験標準	55
市場性	18
自然科学	12
失敗コスト	28
社会科学	12
執念	24
重要度	17
重要な業績評価指標	6
小チーム	38
商品企画七つ道具	54
初期トラブル	18

新5S	40
新QC七つ道具	54
人財育成	7
新製品開発重点主義	4
診断と勧告	44
スパイラルアップPDCA	10
すり合わせ	16
生産性	18
生産保全	72
製造標準	55
製造物責任	52
製品のパフォーマンス能力	26
セキュリティ	6
是正処置	75
積極的経営	6
設計検証	18
設計指標	55
設計の妥当性確認	18
設計品質	7, 18, 103
全員参加	7
先手管理管理指標	27
戦略力	22
総合的品質管理	2
測定	36
ソフトウェア	34

[た行]

知識	100
データ	100
データベース	19
適者生存の法則	12
デザイン管理	17
統合的内部監査	44
トラブル	34
鳥の目	101

[な行]

難易度	17
日常管理	9, 15
納期	5
能力	24

[は行]

ハードウェア	34, 100
ハインリッヒの法則	92
初めて	20
パフォーマンス	8
パフォーマンス能力10原則	26
光物	13, 77
久しぶり	20
ビジョン	15
ヒヤリハット	92
評価コスト	28
品質	2, 5
品質コスト管理	28
品質差	18
品質上の失敗コスト	29, 35, 64
品質特性展開表	103
品質表	103
品質保証	17
品質マネジメントシステム	8
品質マネジメントの原則	24
ファイゲンバウム，A.V.	28
フィードバック	45
フールプルーフ	71, 92
フェイルセーフ	92
ブレークスルー	15
プロセス系	34
平均故障間隔	13
変化	20
ベンチマーキング	9, 49, 53, 103
方策	16
方式	36

方針管理	9, 15, 52, 76
法令順守	7
ポカミス	36, 38
ポカヨケ装置	38

[ま行]

マーケットイン	4
マネジメントシステム	2
未然防止	5
虫の目	101
メカニズム	39
目標管理	9
モチベーション	8, 22, 38
モラル	6
問題解決の9原則	30

[や行]

やる気	100
要求品質展開表	103
要素技術	100
予防コスト	28
予防処置	5

[ら行]

リーダーシップ	8, 24
リスク管理	8, 14
量	5

著者紹介

金子 浩一(かねこ こういち)

金子技術士事務所、品質環境経営研究所代表

【略歴】
1965 年　大阪工業大学工学部卒業
1988 年　ヤンマーディーゼル(現ヤンマー)株式会社　品質保証部長
2004 年　大阪工業大学経営工学部非常勤講師、短期大学部客員教授

【資格】
技術士、IRCA Principal Auditor(QMS、EMS)、JRCA QMS 主任審査員、CEAR EMS 主任審査員

中島 健一(なかしま けんいち)

神奈川大学工学部経営工学科　教授
博士(工学)　名古屋工業大学、博士(経営学)　東北大学

【略歴】
1995 年　名古屋工業大学工学研究科博士後期課程修了、大阪工業大学助手
1996 年　大阪工業大学講師
1998 年～1999 年　マサチューセッツ工科大学 Visiting assistant professor
2001 年　大阪工業大学助教授(准教授)
2010 年　神奈川大学工学部教授

【社会における活動】
第 43 年度・第 44 年度日本品質管理学会理事、第 29 期・第 31 期日本経営工学会理事、高圧ガス保安協会環境審査評価委員会委員、Asia Pacific Industrial Engineering and Management Society(APIEMS) Board member、International Foundation for Production Research(IFPR) Asia Pacific Region(APR) Board member

科学的先手管理入門
－工程戦略・戦術の考え方とその導入－

2015年11月25日　第1刷発行

著　者　金子　浩一
　　　　中島　健一
発行人　田中　健

発行所　株式会社日科技連出版社
〒151-0051 東京都渋谷区千駄ヶ谷5-15-5
DSビル
電話　出版　03-5379-1244
　　　営業　03-5379-1238

検印
省略

印刷・製本　㈱金精社

Printed in Japan

© Kouichi Kaneko, Kenichi Nakashima 2015
ISBN 978-4-8171-9565-4
URL http://www.juse-co.jp/

本書の全部または一部を無断で複写複製（コピー）することは、著作権法上での例外を除き、禁じられています。